Klimawandel?

Wie wäre es mal mit der Wahrheit!

von

Dr. Peter Echevers H.

„Klimawandel? Wie wäre es mal mit der Wahrheit"
Erstveröffentlichung 2022
Lektorat: PSE Ltda. Rio de Janeiro
Verlag: LULU Press Enterprises
© Cover-Gestaltung Dr. Peter Echevers H.
© Dr. h.c. Peter Echevers H., Rio de Janeiro
E-Book: ISBN
Paperback: ISBN 9798352087992
Hardcover: ISBN 9798352083819

„Unter Hinweis auf §§ 5, 15 MarkenG nehmen wir Titelschutz in Anspruch für „Klimawandel? – Wie wäre es mal mit der Wahrheit" in allen Schreibweisen und Darstellungsformen, als Einzeltitel und für alle Medien."

PSE Publications Service Echevers Ltda.
Ladeira da Colina, 2 Geribá
28950-000 Armação dos Búzios, RJ

Alle Rechte vorbehalten. Nachdruck, auch auszugsweise, verboten. Kein Teil dieses Werkes darf ohne schriftliche Einwilligung des Autors in irgendeiner Form reproduziert oder unter Verwendung elektronischer Systeme verarbeitet, vervielfältigt oder verbreitet werden.

Widmung

Dieses Buch möchte ich dem jungen Brautpaar Bruno und Thais widmen, die gestern, am 18. Dezember 2021 geheiratet haben. Alles Liebe und Gute auf Eurem Weg.

Index

Klimawandel?	1
Widmung	5
Index	7
Vorbemerkung	9
Kapitel Nr. 1 – Die Zusammensetzung unserer Atmosphäre	13
Kapitel Nr. 2 – Eiszeit und Warmzeit im Wechsel	21
Kapitel Nr. 3 – Die Politik entdeckt das Klima	27
Kapitel Nr. 4 – Klimawissenschaft – Meteorologie	33
Kapitel Nr. 5 – Greta Thunberg?	37
Kapitel Nr. 6 – Die junge Generation steht zu Recht auf	43
Kapitel Nr. 7 – Fridays for Future	61
Kapitel Nr. 8 – Warum Lügen besser ziehen als die Wahrheit	65
Kapitel Nr. 9 – Ist der Planet noch zu retten	67
Kapitel Nr. 10 - Umweltverseuchung wohin man schaut	81
Kapitel Nr. 11 – Ein Umdenken muss stattfinden	153
Kapitel Nr. 12 – Wir hinterlassen den Enkeln ein Umweltchaos	162
Kapitel Nr. 13 – Wenn Sie mich fragen	166
Schlussbemerkung	178
Über den Autor	180

Vorbemerkung

Heute mehr denn je kommt es einzig darauf an, wer die Expertise bestellt hat und letztendlich auch dafür bezahlen wird. Was will der Auftraggeber hören? Das ist die alles entscheidende Frage, die sich die Fachleute stellen, noch bevor sie ans eigentliche Recherchieren, Forschen und Bewerten gehen. Denn es hat sich bis in die letzten Fachkreise herumgesprochen, dass man von seinem üppigen Honorar nur träumen kann, sollte das Ergebnis der Studie nicht den Vorstellungen der Beauftrager entsprechen.

Tausende Forschungsarbeiten, denen oft jahrelange Grundlagenermittlung vorangingen, liegen unveröffentlicht und unbezahlt in den Schubladen, weil die Resultate nicht in die Planung passten. So mancher Universitätsprofessor kann davon ein Lied singen. Er wäre längst über die Landesgrenzen hinaus bekanntgeworden, läge seine Forschungsarbeit nicht wie Blei in einem Regal und kann nicht ans Tageslicht gezerrt werden, weil das Ergebnis irritierend sei.

Die Ihnen vorliegende Arbeit soll ein wenig Licht ins Dunkel bringen und mit etwas Glück Ihnen, liebe Leserin, lieber Leser, zu einer weiteren Perspektive verhelfen, die Ihnen Informationen an die Hand gibt, das Klimageschehen auf unserem Planeten etwas besser zu verstehen, zu erkennen, dass es einem ständigen

Wechsel und Wandel unterliegt, dass es keine regelmäßigen Schwankungen gibt und viele Fakten zusammenkommen müssen, um aus einer Eiszeit eine Warmzeit und umgekehrt entstehen zu lassen.

Was für die Fauna, Flora und die Menschheit fatale Folgen haben kann, ist scheinbar für unsere Mutter Erde völlig normal. Aber da es unseren Politikern gefällt, uns in Atem zu halten, eine Panik nach der anderen zu schüren, um eine weitere Steuer oder Abgabe zu erfinden und den Bürgern aufzulasten, muss auch das Klimageschehen von Mutter Erde nun vor einen solchen Karren gespannt werden.

Lassen Sie sich nicht beirren, folgen Sie ihrem gesunden Menschenverstand und wenn es Sie wirklich interessiert, was es mit unserem Wetter auf sich hat, empfehle ich, lesen Sie aus verschiedenen Quellen, damit Sie möglichst viele Perspektiven kennenlernen.

Gerade im Wettergeschehen gilt der Spruch: *„Es wird nichts so heiß gegessen, wie es gekocht wird."*

In diesem Buch lasse ich einige helle Köpfe zu Wort kommen, die sich genau um dieses Thema Gedanken machen, wie weit können wir etwas ändern, wie weit haben wir gar keine Einflussmöglichkeit auf das Klimageschehen, was kann auf die Menschheit in den nächsten fünfzig oder hundert Jahre zukommen. Eines steht fest, Veränderungen wird es geben und hat es immer gegeben. Denken wir nur daran, wie heutige Wüstengebiete vor nicht mal 10.000 Jahren ausgesehen haben, wie sich Küstenlandschaften veränderten, neue Inseln entstanden und andere verschwunden sind. Und selbst wenn wir alles richtig machen, um der Erde ein Prozent an weiterer Erderwärmung abzutrotzen, so könnte ein kleiner Meteoriteneinschlag oder ein aggressiver Sonnenwind die ganzen Bemühungen zunichtemachen.

Was ich damit sagen will, wir sind auch vom kosmischen Geschehen abhängig und alles Mögliche kann in jeder Sekunde geschehen, denn im Weltall ticken die Uhren anders und auch dort ist alles ständig in Bewegung.

Aller Hybris unserer Eliten zum Trotz geben da noch ganz andere Kräfte den Ton an, denen schon unsere bloße Existenz völlig unbekannt ist. Und wäre sie bekannt, wo wäre sie im Universum völlig unbedeutend. In Bezug auf unsere Sonne, haben wir nicht einmal die Bedeutung eines Flohs.

Kapitel Nr. 1 – Die Zusammensetzung unserer Atmosphäre

Gott sprach liebet und vermehrt Euch. Was er vergessen hat zu sagen, wenn's eng wird hört auf. (Netzfund).

In der damaligen Physikstunde haben wir gelernt, dass bereits ein Tropfen Öl eine Million Liter Wasser verseuchen kann. Dieses Wasser ist ab sofort für unseren Organismus als Trinkwasser nicht mehr brauchbar. Es braucht ca. 10.000 Tropfen, bis man einen Liter zusammen hat. Die Prozentzahl bezogen auf eine Million Liter Wasser ist also verschwindend gering – ja man könnte meinen UNBEDEUTEND.

Setzen wir uns einmal mit der Zusammensetzung unserer Atmosphäre auseinander. Jedem Googler fällt sofort auf, dass der CO_2-Anteil an unserer gesamten Atmosphäre gerade einmal 0,04. Kohlenstoffdioxyd macht, also nur einen Bruchteil von nicht einmal einem halben Zehntelprozent aus.

Bei meiner Einleitung macht der Tropfen Öl im Grundwasser einen sehr viel geringeren Promillesatz aus. Und dennoch hat der Tropfen Öl eine verheerende Wirkung. Ähnlich verhält es sich mit CO_2 in unserer Atmosphäre.

Wir lernten einmal den berühmten Satz des Paracelsus: "Alle Dinge sind Gift, und nichts ist ohne Gift." Allein die Dosis macht, dass ein Ding kein Gift ist." Zum Beispiel können wir kiloweise Zucker essen, ohne sofort daran zu sterben, aber ein Nanogramm eines bestimmten Giftes setzt unseren Organismus innerhalb von Sekunden „außer Betrieb". Ein Auto kann 2 Tonnen wiegen, aber ein paar Sandkörner machen ihm den Garaus.

Die Ursache für die anthropogene Erwärmung ist der so genannte Treibhauseffekt, der durch die Erdatmosphäre und ihre Bestandteile verursacht wird. Ein Blick in die atmosphärischen Schichten zeigt aber auch: Nur ein Bruchteil davon ist Kohlenstoffdioxid (rund 0,04 Volumenprozent). Den Großteil machen Stickstoff, Sauerstoff und Edelgase wie Argon aus (rund 99 Prozent). Wie können sich also so viele Jahre der internationalen Klimaverhandlungen und unzählige Medienberichte auf diesen geringen Anteil beziehen?

Das Argument der Klimaskeptiker mag aufgrund des geringen CO2-Anteils von rund 0,04 Volumenprozent auf den ersten Blick einleuchtend sein. Doch der geringe Wert täuscht über die Klimawirkung von Kohlendioxid hinweg. Wichtiger als die Konzentration ist schließlich die Wirkung.

Um zu verstehen, warum CO2 und andere Treibhausgase für unseren Planeten eine wichtige Rolle spielen, muss man sich beispielsweise die Erde ganz ohne Atmosphäre vorstellen.

Unser Mond zum Beispiel hat keine Atmosphäre. Die Sonnenstrahlung heizt die Oberfläche des Planeten tagsüber auf mehr als 100 Grad Celsius auf, nachts fällt sie auf etwa minus 160 Grad. Ohne die Atmosphäre würde auch auf der Erde ein viel größerer Temperaturunterschied herrschen. Forscher haben berechnet, dass die Durchschnittstemperatur auf der Erde aufgrund ihrer Größe und Entfernung zu unserem Zentralgestirn bei minus 18 Grad liegen würde. Tatsächlich liegt sie aber bei 15 Grad Celsius – also rund 33 Grad über den Berechnungen der Wissenschaftler.

Dass die Temperaturen weder Tags- noch nachtsüber so extrem sind, hängt mit unserer Atmosphäre zusammen, die auch als Schutzschild fungiert. Zuerst einmal verhindert unsere Atmosphäre, dass die gesamte Sonnenstrahlung auf die Erde trifft. Insgesamt gelangt weniger als die Hälfte der Sonnenstrahlung auf die Erdoberfläche. Wolken etwa reflektieren ein Viertel der Sonnenstrahlung direkt wieder ins All, die Schneemassen und Wasseroberflächen einen weiteren Teil.

Die übrige Energie gelangt auf die Erdoberfläche, wird dort gebraucht und umgewandelt. Ein Teil allerdings auch in Form von Wärmestrahlung wieder Richtung Weltall geschickt. Wichtig hierbei ist: Das heiße Innenleben unseres Planeten trägt dazu bei, dass auch von der Erdoberfläche Wärme zurückstrahlt, diese ist allerdings nicht identisch mit der einfallenden Strahlung der Sonne. Die von der Erde ausgehende Wärmestrahlung kann zwischen Atmosphäre und Boden reflektiert und deshalb in einem gewissen Sinne von Treibhausgasen gefangen werden.

Diese Gase (Wasserdampf, CO_2, Methan und andere) verhindern also, dass die Wärmestrahlung sofort ins Weltall entweicht.

Die Atmosphäre leistet ihren Dienst also nicht nur für einfallende Sonnenstrahlung, sondern auch bei von der Erde ausgehender Wärmestrahlung. Sie verhindert quasi, dass wir Wärme permanent ans Weltall verlieren. Stattdessen wird sie teils erneut zurück zur Erde geschickt – und hierin liegt die Klimawirkung von

CO_2 und anderen: entscheidend ist die chemische Struktur der Gase in der Atmosphäre. Treibhausgase setzen sich aus drei oder mehr Atomen zusammen. Kohlenstoffdioxid beispielsweise aus einem Kohlenstoff und zwei Sauerstoffatomen.

Diese Gasmoleküle sind – anders als Sauerstoff oder Stickstoff (zwei Atome) – empfänglich für bestimmte Strahlung. Entscheidend dafür ist deren Wellenlänge. Die Strahlungsenergie wird aufgenommen und versetzt die Moleküle in Bewegungen, konkret in Schwingungen. Bei der Bewegung wiederum wird Energie frei, die etwa als Wärmestrahlung in verschiedene Richtung – circa zur Hälfte auch in Richtung Erdoberfläche – abgegeben wird.

Nur drei- oder mehratomige Moleküle wirken aufs Klima

Stickstoff und Sauerstoff, die Hauptbestandteile der Atmosphäre, interagieren in höheren Atmosphärenschichten zwar ebenfalls mit Strahlung und führen beispielsweise zu den bekannten Polarlichtern. Mit Wärmestrahlung aus Richtung der Erdoberfläche reagieren sie aber nicht. Nur drei- oder mehratomige Moleküle, wie Kohlenstoffdioxid oder Methan, haben das Potenzial, den Planeten zu erwärmen. Für den Treibhauseffekt spielt der Großteil der Atmosphärengase daher keine Rolle.

Den größten Effekt auf unsere stabile Temperatur hat der Wasserdampf (Wolken), der zwischen null und vier Volumenprozent ausmacht – an den Polen etwa weniger, in den Tropen mehr. Er trägt daher vor allem zum natürlichen

Treibhauseffekt bei. Das Problem: Der Anteil von Wasserdampf in der Atmosphäre hängt von der Temperatur ab. Mehr CO_2 führt zu steigenden Temperaturen, das führt zu mehr Wasserdampf und verstärkt den Treibhauseffekt – eine positive Rückkopplung, die große Auswirkungen haben kann.

Aus diesem Grund führen höhere Konzentrationen der Treibhausgase, auch wenn sie nur wenige Volumenprozente der Atmosphäre ausmachen, zu sich selbst verstärkenden Effekten – sogenannten Feedback Loops. Daraus berechnen die Forscher eine um bis zu 4,5 Grad höhere Durchschnittstemperatur, wenn sich das CO_2 in der Atmosphäre verdoppelt – auch wenn das „nur" weitere 0,028 Volumenprozent wären. Die Konzentration der Gase allein sagt nichts aus, denn einige wenige Moleküle an CO_2 können eine große Wirkung haben, viele Stickstoffmoleküle dagegen für die globale Temperatur bedeutungslos bleiben.

Die Klimawirkung anderer Treibhausgase als CO_2 wird oft als ein Vielfaches der Klimawirksamkeit von CO_2 angegeben. Man nennt das ihr Treibhausgaspotenzial. Ein Methan-Molekül beispielsweise ist laut *Intergovernmental Panel on Climate Change*, auch „Weltklimarat" (IPCC), ungefähr 28-mal wirksamer als CO_2. Es verbleibt etwa 12 Jahre in der Atmosphäre. So hat jedes Treibhausgas seine Eigenheiten und Nachteile.

CO_2 hingegen kann dort bis zu 500 Jahre oder länger bleiben, bis klimawirksames CO_2 über natürliche Prozesse in der Tiefsee landet (ein einzelnes Molekül verweilt tatsächlich nur einige Jahre in der Atmosphäre, anschließend findet ein Austausch mit CO_2-Molekülen aus Ozeanen statt. Die jahrhundertelange Verweildauer bezeichnet die Zeitspanne, bis natürliche Prozesse das CO2-Molekül endgültig wieder aus der Atmosphäre holen). Die Einschätzung, wie viele Jahre oder gar Jahrhunderte CO2 die Klimawirkung entfaltet, gehen allerdings auseinander – sie liegen jedoch in der Regel bei über 100 Jahren.

Vor der industriellen Revolution war die Konzentration von CO2 deutlich geringer als heute und lag bei etwa 0,028 Volumenprozent. In den offiziellen Klimaprognosen berechnen Forscher, was bei bestimmten Szenarien, etwa einer Verdopplung der CO2-Konzentration, in der Atmosphäre passiert. Eine Verdoppelung bis zum Ende dieses Jahrhunderts könnte die Durchschnittstemperatur zwischen 1,5 und 4,5 Grad erhöhen.

Auch andere klimarelevante Gase müssen in die Berechnungen und damit auch die Klimadebatten mit einbezogen werden. Große Quellen für Methan können das Klima auch maßgeblich verändern. So kann etwa durch das Entweichen aus Permafrostböden, die Tierhaltung, aber auch durch die Tropen und andere Feuchtgebiete Methan freisetzen. Diese Prozesse müssen in Zukunft noch genauer untersucht werden.

Die politischen Forderungen, um eine globale Erwärmung möglichst gering zu halten, sind schon seit Jahren klar: Die Emissionen müssen in den nächsten Jahren und Jahrzehnten bedeutend niedriger sein. Laut der UN-Klimakonferenz in Paris haben sich die Länder darauf verständigt, die Emissionen so zu steuern, dass die Temperaturerhöhung weniger als zwei Grad beträgt. Konkret bedeutet das, dass sich die einzelnen Länder ehrgeizige Ziele setzen müssen.

In Deutschland sinken die Emissionen kontinuierlich, müssen aber für die kommenden Jahrzehnte weitaus drastischer reduziert werden. Und um einem Missverständnis auszuweichen, ich bin nicht der Überzeugung, dass Deutschland das Zünglein an der Waage ist, alle Länder dieses Planeten müssen ihren Teil dazu beitragen, keiner kann atmosphärisch die Last des anderen tragen.

Ansatzpunkte dafür sind klimaneutrale Energieerzeugung, weniger Verkehrs- und Industrieabgase, ökologischere Formen der Landwirtschaft und auch ein anderes Konsumverhalten.

Noch bessere Informationen über den CO_2-Gehalt der Atmosphäre gibt es über die vergangenen 720 000 Jahre von Eisbohrkernen aus der Antarktis, die auch besonders gut die Korrelation zwischen Temperatur und Kohlendioxidkonzentration belegen. Diese Zeit umfasst knapp die letzte Hälfte des so genannten Eiszeitalters, das durch fast regelmäßige Schwankungen zwischen Warm- und Kaltzeiten charakterisiert ist. Grundlegende Ursache für diese Schwankungen sind Änderungen in den Parametern der Erdbahn um die Sonne. Die hierdurch bedingten zunächst relativ geringen Einflüsse auf den Strahlungshaushalt der Erde werden jedoch durch Änderungen der Albedo und der atmosphärischen Konzentration der Treibhausgase, vor allem des Kohlendioxids, erheblich verstärkt. So führt eine Verringerung der Sonneneinstrahlung zur Bildung von Eis- und Schneeflächen, die einfallende Sonnenstrahlen reflektieren und damit die eingeleitete Abkühlung verstärken. Außerdem reduziert sich durch die anfängliche Abkühlung die CO_2-Konzentration (und die anderer Treibhausgase) in der Atmosphäre. Die primäre Ursache dafür liegt in der größeren Aufnahmefähigkeit von CO_2 durch den kälteren Ozean. Erst durch die höhere Albedo und die geringere CO_2-Konzentration werden also die anfänglich nur gering fallenden Temperaturen um mehrere Grad gesenkt und eine neue Eiszeit beginnt. Umgekehrt läuft der Prozess zu Beginn einer neuen Warmzeit: Schmelzendes Eis verringert die globale Albedo, und der höhere CO2-Gehalt, der primär aus der CO2-Abgabe des sich erwärmenden Ozeans stammt, erwärmt die Atmosphäre.

Atmosphärisches Kohlendioxid und globale Temperatur beeinflussen sich wechselseitig. Eine verringerte globale Temperatur senkt den CO2-Gehalt, und ein niedrigerer CO2-Gehalt führt zu einer noch stärkeren Temperaturabsenkung. Der CO2-Gehalt bewegt sich dabei in einer Spanne zwischen 180 und 300 ppm. Die gegenwärtige Konzentration von Kohlendioxid in der Atmosphäre liegt jenseits der eiszeitlichen Schwankungen und lässt sich nicht aus einer vorhergegangenen Erwärmung ableiten. Sie ist eine Folge anthropogener Emissionen und für die aktuelle Erwärmung verantwortlich.

Es hilft also nicht, sich weiter wegducken zu wollen. Hier hinterlassen wir unseren Fußabdruck und das nicht zum Besten der Folgegenerationen.

Kapitel Nr. 2 – Eiszeit und Warmzeit im Wechsel

Eiszeiten und Warmzeiten hat es im Verlauf der Erdgeschichte immer gegeben. Kennzeichen der Eiszeiten war stets, dass sich an den Polen unseres Planeten Eiskappen gebildet hatten. Was nichts anderes bedeutet, dass wir uns momentan – sogar schon etwas länger in einer Eiszeit befinden. Im Laufe der Erdgeschichte gab es mindestens sechs solcher Eiszeitalter, z. B. vor 600 und vor 300 Millionen Jahren. Die jüngste Epoche der Erdgeschichte, die vor etwa 2,7 Millionen Jahre begann, ist in diesem Sinne ebenfalls ein Eiszeitalter. Sie ist gekennzeichnet durch deutliche Schwankungen zwischen kälteren und wärmeren Phasen, den sogenannten Kaltzeiten oder Glazialen (gelegentlich auch fälschlich "Eiszeit" genannt) und Warmzeiten oder Interglazialen. Gegenwärtig befinden wir uns in einer Warmzeit dieses Eiszeitalters. Glazialen und Interglazialen wechseln sich ab in Intervallen von etwa 100.000 Jahren.

Die Warmzeiten dauerten bisher zwischen 10 000 und 30 000 Jahren. Dazwischen lagen verschiedene Kaltzeiten wie die Weichsel-, die Saale- oder die Elster-Kaltzeit (Benennungen nach der norddeutschen Nomenklatur). Eine besonders lange Warmzeit von ca. 30 000 Jahren gab es vor etwa 400 000 Jahren. Auch für die jetzige Warmzeit (Interglazialen) ist unter natürlichen CO_2-Bedingungen eine ähnliche Dauer berechnet worden. Bleibt der jetzige Kohlendioxidgehalt der Atmosphäre über viele Tausend Jahre erhalten oder steigt sogar noch weiter an, könnte die nächste Glaziale ausfallen und das seit 2,6 Millionen Jahren andauernde Eiszeitalter beendet sein.

Übrigens schicken sich die Menschen an, den Rhythmus der Warm- und Kaltzeiten zu verschieben. Wissenschaftler des Potsdam-Instituts für Klimafolgenforschung prognostizieren, dass sich durch den menschengemachten Klimawandel der Eintritt der folgenden Kaltzeit, die rechnerisch in 50.000 Jahren ansteht, um weitere 50.000 Jahre verzögern könnte. Die Erde würde also einen kompletten Kälte-Zyklus überspringen.

Wir müssen davon ausgehen, dass unsere Wissenschaftler die Komplexität des Wetters und des Wechsels der Glazialen und Interglazialen ebenso wenig vollständig verstanden hat, wie das Auftauchen intensiver Eiszeiten. Das Zusammenspiel von Atmosphäre und Tiefenströmungen in den Ozeanen, den periodischen Winden der Stratosphäre und der Beeinflussung durch Sonnenstrahlung und Sonnenwinde muss noch viel weiter erforscht werden, bevor die Forscher auch nur daran denken können, Einfluss auf das Weltklimageschehen zu nehmen. Unbedarftes Herumexperimentieren könnte für alle Menschen fatale Folgen haben und hat es bereits. Denken wir nur an die HARP-Experimente, Unterwasserdetonationen zu Messungszwecken. Man kann unser Verhalten auf dem Planeten nur als invasiv, egoistisch und ignorant bezeichnen.

Da bauen wir Atomkraftwerke, wissen aber anschließend nicht wohin mit dem Atommüll oder schießen eine Rakete nach der anderen ins Weltall, kümmern uns aber keinen Deut um den

Weltraumschrott, der unseren Planeten seitdem begleitet. Die Beispielkette ist schier endlos. Dass heute noch in Süßwasser führenden Flüssen mit Quecksilber nach Gold gesucht wird, daran mag ich gar nicht denken. Oder die Verseuchung des Nildeltas durch die Ölförderung. Die Meeresverschmutzung durch die Ölplattformen wird nicht etwa eingedämmt, sondern der zulässige Verschmutzungsgrad wird laufend den Gegebenheiten angepasst.

Aber zurück zu den Glazialen und Interglazialen, also den sich abwechselnden Perioden innerhalb einer Eiszeit, wie der gegenwärtigen.

Ähnlich wie unsere Atmung periodisch ist, wechseln sich auf dem Planeten Windrichtungen, Kälte-Wärme-Perioden, Tiefsee-Strömungen, Jahreszeiten, extrem feuchte und sehr trockene Zeiten ab. Dieses periodische Verhalten gehört zu unserem Planeten und nur durch dieses ständige Abwechseln kann er gesund bleiben. Wenn ich das einmal so laienhaft ausdrücken darf. Aber der Gedanke, dass unsere Mutter Erde ein lebendiges Wesen ist, ist vielleicht gar nicht so weit hergeholt. Sie bringt Leben hervor in immer wieder neuen Variationen.

Der sich tief im Innern des Planeten drehende Eisenkern ist für das Wohl der Erde genauso wichtig, wie die schützende Atmosphäre. Alles ist aufeinander bis ins Kleinste abgestimmt. So wie viele Bäume im Herbst ihr Laub abwerfen und eine Ruheperiode einlegen, um im Frühling wieder mit neuer Kraft zu erblühen, so hat auch der Planet seine Intervalle, auf die der Mensch keinen Einfluss nehmen kann. Für Mutter Erde hat Zeit eine völlig andere Bedeutung, wie für den Homo sapiens. Etwa so, wie unsere Zeitvorstellung und die einer Eintagsfliege nichts miteinander gemein haben.

Wir wären wahrscheinlich zutiefst beeindruckt, könnten wir dieses Zusammenspiel bereits nachvollziehen. Aber wir fangen ja gerade erst an, uns intensiv mit Planeten, Sonnensystem und Universum zu beschäftigen. Einige meinen sogar schon Beweise für ein oder mehrere Parallel-Universen entdeckt zu haben.

Ich bin Jahrgang 1954 und noch mit der guten alten Dampflock gefahren. Heute rasen Hochgeschwindigkeitszüge mit Rekordgeschwindigkeiten von über 600 Stundenkilometern schwebend über die Schienenstrecken. Flugzeuge legen in Rekordzeiten Rekordstrecken zurück und unsere Raumkapseln und Raketen erreichen innerhalb des Sonnensystems immer entferntere Ziele, während sie gleichzeitig mit der Erde in Funkverbindung bleiben.

Fand alles statt, während ich den Windeln entwuchs und mich dem Herbst meines Lebens näherte. Wie wird es wohl in den nächsten 50 Jahren weitergehen? Die Entwicklung schreitet ja immer schneller voran.

Die letzte Eiszeit begann von 2.7 Millionen Jahren, im Verlauf der Geschichte unseres Planeten von 4,7 Milliarden Jahren ist dies die sechste Eiszeit, die der Planet durchmacht. Mutter Erde brauchte eine gewisse Vorlaufzeit, um sich auf eine Eiszeit vorzubereiten. Um die arktischen und antarktischen Eisschilde zu bilden, brauchte sie ca. 35 Millionen Jahre. Das liegt daran, dass die Erde die meiste Lebenszeit deutlich wärmer war und die Eiszeiten das gegenteilige Extrem darstellten.

So lag der Meeresspiegel im Letzten Glazialen Maximum (LGM) vor etwa 20 000 Jahren um 130 m niedriger als heute, woraus sich ableiten lässt, dass das gesamte globale Eisvolumen um 50 Millionen km³ größer als das gegenwärtige war. Das ist eine Menge Wasser, das da erst einmal gefroren werden musste. Und all das, während unser Zentralgestirn unablässig sein heißes Licht auf die Erde schickte. Mit welchen Energien hier zu rechnen wäre, kann sich nur ein Mathematiker ausrechnen und das auch nur vielleicht.

Die Wohlfühlperioden – also die Warmzeiten dauerten deutlich länger als die 100.000 Jahre dauernden Eiszeiten. Aber aus irgendeinem Grund muss der Planet aus seiner Wohlfühlzone raus und eine Kälteperiode einschieben.

Klimatisch gesehen kennt Mutter Erde Extreme, die wir uns in unserer kurzen Verweildauer gar nicht wirklich vorstellen können. Und damit meine ich nicht die Lebenszeit eines Individuums, sondern die Verweildauer der gesamten Menschheit auf unserem Planeten.

Es gab viele Phasen, da man den Himmel nicht sehen konnte, aufgrund von Aschemassen in der Atmosphäre, also der Tropopause, dort wo unser Wetter stattfindet.

Heiße Phasen von 100 Grad Celsius am Erdboden, die kein Lebewesen überlebt hätte und dann wieder Eiszeiten – also keine Glazialen – mit Durchschnittstemperaturen von minus 5 Grad. Dazu muss man verstehen, dass unsere Mutter Erde in der jetzigen Zwischeneiszeit oder Warmzeit (Interglazialen) eine durchschnittliche Temperatur von 15 Grad hat. Während den Perioden des Warmklimas, die weitaus länger dauern als

Eiszeiten, bevorzugt Mutter Erde eine durchschnittliche Temperatur von 20-25 Grad Celsius. Da könnte es in den Tropen im Hochsommer leicht einmal 60 Grad und wärmer werden. Das absolute aus für viele Tiere im Wasser und an Land.

Kapitel Nr. 3 – Die Politik entdeckt das Klima

Es ist ein bisschen wie in einem gesättigten Markt. Hier noch etwas als notwendig zu verkaufen, da muss man schon sehr einfallsreich sein und tief in die Trickkiste greifen, um neuen Bedarf zu wecken.

Einer Familie, die schon drei Kühlschränke, eine Gefriertruhe und einen Eiswürfel Zubereiter hat, noch ein Kältegerät aufs Auge zudrücken, da fällt einem erstmal das Aircondition ein, vielleicht noch die Kühlbox fürs Auto, dann ist aber wirklich Sense.

Der Gesetzgeber hat eine Aufgabe, wie der Name schon sagt, und so werden am laufenden Band neue Gesetze verabschiedet, ob immer sinnvoll, sei einmal dahingestellt. Ganze Heerscharen von Bürokraten reiben sich morgens die Finger und freuen sich darauf, was ihnen wohl an diesem schönen Tag Neues einfallen würde, damit sie ihr Dasein berechtigen.

Gesetzesvorlagen kommen dann in Ausschüsse und Unterausschüsse, werden beraten, verändert, berichtigt und ergänzt. Landen dann wieder in Abstimmungs-Konferenzen und so dreht sich die Mühle, alle haben ihre Aufgabe und der Bürger sieht, wie das Parlament, die Staatssekretäre, und das ganze drumherum schuften für ihr Geld.

Seit Ende des zweiten Weltkriegs, als die Welt nicht nur vor einem Scherbenhaufen, sondern auch vor schier unlösbaren Problemen stand, wurden diese Hürde für Hürde abgearbeitet. Unfassbar große Archive fassen die ganzen Vorschriften, Regeln, Anweisungen und Gesetzestexte. Eigentlich müsste man annehmen, nach über 70 Jahren wären die wesentlichen Probleme abgearbeitet und gelöst zu aller Zufriedenheit.

Aber wozu braucht man dann immer noch diesen immensen Staatsapparat, ja wie kann es sein, dass bei abnehmenden Problemen die Wasserkopfverwaltung immer größer wird? Logisch erscheint mir das nicht. Zumal je mehr Leute an Entscheidungsfindungen beteiligt sind, umso länger dauert das Verfahren und umso fragwürdiger ist, ob letztendlich überhaupt noch etwas Sinnvolles dabei herauskommt.

Viele Jahrzehnte haben „Feindbilder" herrliche Motive für die Gesetzesarbeit geliefert, da liefen die Ausschüsse zu Hochform auf. Abwehrmaßnahmen, Rüstungsbeschaffung, Steuer-Erhöhungen, da griff ein Rädchen ins andere.

Irgendwann war das Thema aber abgegrast, der Feind wollte einfach nicht feindlich agieren.

Andere Jahrzehnte hat man uns mit Terrorismusgefahr unterhalten, wobei dem Bürger natürlich nicht gleichzeitig mitgeteilt wurde, wie sehr man fremde Länder provoziert hatte, damit da endlich der den Terror zündende Funke übersprang.

Einige Jahre beschäftigte man sich mit dem Gedanken, aus Deutschland ein Einwanderungsland zu machen. Das erzeugte herrlich viele Probleme und schon war man wieder sicher im Sattel und hatte seine Existenzberechtigung im Sack sozusagen.

Kluge Köpfe erfinden immer etwas Neues, so auch Bill Gates, der scheinbar (aufgrund seines Reichtums) auf das Wohlwollen aller Länder hoffen kann. Seit zwei Jahren hören wir von morgens bis das dunkel wird nur noch ein Thema: Corona! Eine neue Grippe. Damit kann sich eine ganze Industrie, können die Mainstream-Medien und kann vor allem die Regierung eine Menge Zeit abarbeiten. Ob diese neue Grippe nun tatsächlich gefährlicher ist als die getroffenen Gegenmaßnahmen mit ihren Folgen, das muss man Analytikern eines anderen Jahrzehnts überlassen.

Nun will sich die Regierung unserer Mutter Erde annehmen, da gibt es nämlich ein wunderbares Problem, das man zwar mit nüchternem Verstand gar nicht bekämpfen kann, aber bis das beim letzten Bürger angekommen ist, sind wir wieder eine Legislaturperiode weiter… oder sogar zwei, wenn man es richtig anpackt.

Da gibt es Klimakonferenzen – die erste wohl 1990 - auf denen man sich über Jahre nicht einigen kann, ob man nun 2 Grad Erwärmung im Jahresdurchschnitt zulassen möchte oder nur 1,5 Grad. Wie man das anstellen will, darüber erfahren die sterblichen Bürger erstmal wenig bis gar nichts, schließlich hängen die möglichen Maßnahmen ja vom Ergebnis der Klimakonferenzen ab… und das kann dauern. Vorsorglich wird schon mal eine Klima-Steuer in Erwägung gezogen, um dem Bürger zu signalisieren, egal wie die Entscheidung letztendlich fällt, es wird teurer für ihn.

Man könnte auch über Maßnahmen diskutieren, ob man nicht einfach die Sonne etwas weiter weg versetzt, dann wäre die Erwärmung auch erledigt. Sie finden das Thema unsinnig? Ich auch, aber schauen Sie sich die Politik an, über welche Themen da über Monate und Jahre diskutiert wird. Nehmen Sie die Zwei-Staaten-Lösung in Palästina. Jeder Sechsjährige kann Ihnen erklären, dass man in eine volle Cola-Flasche nicht noch eine Flasche Limo hineinschütten kann. Aber genau das wollen die Politiker bewerkstelligen in Nahen Osten.

Was übrigens auch so ein Thema war, mit dem man sich jahrelang beschäftigen konnte, die Zeitungen waren voll davon, jeder tat seine Meinung kund und alle wollten ja nur für alle das Allerbeste.

Stellen Sie sich mal vor, wenn man alle unsinnigen Themen wegließe oder zumindest nicht gleich zur weltweiten Chefsache erklären würde, wie viel Zeit dann für das tatsächliche Regieren übrig wäre, für das Wohl der direkt betroffenen Bürger des eigenen Landes, es wäre gar nicht auszudenken. Vor allem wäre man dann mit den Jahresproblemen eines Landes in drei Monaten fertig und die Politiker könnten in ihrer Freizeit ein paar richtigen Berufen nachgehen.

Wir sehen es ja Corona. Würde man das Geld statt in Werbung, TV-Auftritte und Publicity in das Gesundheitswesen investieren, ja dann wäre das Thema neue Grippe längst durch... was ja nicht im Sinne einer Regierung sein kann, wenn man schon mal eine Steilvorlage bekommt und ein Thema so richtig auswalzen kann.

Wenn durch getroffene Maßnahmen ganze Wirtschaftszweige in die Knie gehen, na dann kann man schon das Geschrei hören, wie man nach der Regierung ruft, weil es wieder neue Probleme gegeben hat. So greift ein Rädchen ins andere und alle Eliten reiben sich die Hände, es geht wieder weiter. In welche Richtung es weitergeht, ist letztlich völlig egal.

Die moderne Politik wurde einmal von einem klugen Kopf als reaktionär und visionsfrei bezeichnet. Eigene Vorgaben, in welche Richtung man sich entwickeln könnte, hat man nicht, also reagiert man – meist zu spät – auf sich zufällig ergebende Probleme und beißt sich daran fest. Die Beschäftigungstherapie in Reinform.

Am wunderbaren Thema Klima, ach was sage ich Weltklima, da kann man sich über Jahrzehnte damit beschäftigen, während Forschung und Wissenschaft die Hände über den Köpfen zusammenschlagen und zuschauen, was Mutter Natur so gerade mit den ihr zur Verfügung stehenden Mitteln anstellt, um zu gesunden. Und da dürften Maßnahmen dabei sein, die dem Homo sapiens nicht unbedingt gefallen werden, denn wir brauchen unseren Heimatplaneten, aber die Erde braucht nicht unbedingt den Menschen für einen Fortbestand über ein paar weitere Milliarden Jahre. Auf das Alter der Erde bezogen sind wir nur eine winzige Episode.

Hilft alles nichts, die Politik hat das Klima entdeckt und malt sich bereits aus, was man mit diesem Thema alles anstellen kann, vor allem, wie man dem Bürger die Ausweglosigkeit der Situation klarmachen kann und dass es nur selbstverständlich ist, dass nun (noch) mehr Steuern gezahlt werden müssen. Denn darauf läuft es ja seit Ende des zweiten Weltkriegs immer hinaus, und von Regierung zu Regierung wird es schlimmer. Höhere Gesamtverschuldung, mehr Steuern und Abgaben, wenige

Freiheiten und immer weniger Wahlmöglichkeiten. Ein sich ständig wiederholender Kreislauf.

Was ich aus meiner fernen Perspektive feststelle, ist, dass immer mehr Menschen wach werden und dem politischen Treiben nicht mehr so indifferent gegenüberstehen. Immer mehr gut ausgebildete Menschen stimmen mit den Füßen ab und können sich an anderer Stelle dieses Planeten eine bessere und weniger Panik belastete Zukunft vorstellen.

Kapitel Nr. 4 – Klimawissenschaft – Meteorologie

Meteorologie ist die Lehre der physikalischen und chemischen Vorgänge in der Atmosphäre und beinhaltet auch deren bekannteste Anwendungsgebiete – die Wettervorhersage und die Klimatologie.

Der Mensch hat das Wetter schon seit jeher beobachtet:

Je früher man sät, desto länger die mögliche Vegetationsperiode bis zur Ernte; bei früherem Säen drohen aber zugleich Einbußen durch Wettereinwirkungen auf die junge Saat.

Je später man erntet, desto größer der Ertrag. Gleichwohl kann es besser sein, die Ernte etwas früher einzubringen, z.B. um sie vor einem nahenden Unwetter oder einer Schlechtwetterperiode in Sicherheit zu bringen.

Windabhängige Seereisen beduften einer meteorologischen Vorplanung, Schlachten wurden wetterabhängig geführt. Seit dem einsetzenden Schiffs- und Handelsverkehr wurden Wetterbeobachtungen in den Logbüchern festgehalten und später ausgewertet. So erkannte man die Monsunwinde und viele Meeresströmungen und das Großwetterverhalten.

Hungersnöte aufgrund Trockenperioden oder Bränden fanden statt, genauso wie Überschwemmungen. Anrainer an Küsten und Flüssen können davon ein Lied singen.

Dass die Sommer nicht immer gleich schön und die Winter nicht alle immer in weißen Weihnachten mündeten, weiß man nicht erst seit Rudi Carell sein Lied „Wann wird's mal wieder richtig Sommer" gesungen hat.

Jetzt allerdings möchte die Politik dem Klima Einhalt gebieten und sagen, in welche Richtung es sich zu entwickeln hat – gefälligst.

Darauf muss man auch erst einmal kommen. Früher wollte man, dass die Sonne etwas früher aufgeht, aber da an der Sonne nichts befehlen konnte, hat man die Uhren verstellt. Viele Jahre später erkannte man dann, dass dies eher ein Taschenspielertrick war, denn wirkliche Vorteile brachte das niemandem.

Nun also macht die Politik Ernst. Gestützt auf ähnliche Wissenschaftler wie Drosten zur Corona-Krise, glaubt man nun tatsächlich, es sei fünf vor zwölf, ach was sage ich fast schon nach zwölf und wenn man nicht sofort – beginnend im Weltklima-Retter-Land Deutschland die richtigen, eingreifenden Maßnahmen unternimmt, wird diese Welt, so wie wir sie kennen mit Mann und Maus untergehen. Das ist eine feine Aufgabe, da wird es bestimmt die eine oder andere Medaille und ein paar Nobelpreise geben... ganz egal ob irgendein Plan funktioniert hat. Im rechten Moment wird man schon ein neues Problem finden und die Massen darauf konzentrieren. Politiker werden schließlich nicht an den Ergebnissen ihrer Handlungen gemessen. Wo kämen wir denn da hin?

Im 21. Jahrhundert machte die Meteorologie einen wahren Quantensprung, durch die Computermöglichkeiten konnten immer schneller die Messergebnisse von immer mehr Wetterstation und Sensoren ausgewertet werden und Rechenmodelle geschaffen werden, die eine genauere Wettervorhersage ermöglichten.

Jedes Ding hat zwei Seiten, mit diesen Möglichkeiten konnte man also wahre Horrorszenarien durchspielen nach dem Motto: Was wäre, wenn...

Die Politik begriff sehr rasch, dass man nun nicht nur auf virologischer, sondern auch auf meteorologischer Ebene passgenaue Modelle anfordern konnte, je nachdem mit welchem Horrorszenarium man den Menschen Angst eintreiben wollte.

Niemand war leichter zu beherrschen und bevormunden, wie verunsicherte Menschen, die in Angst und Schrecken auf die Zukunft schauten. Bingo!

Dann kam die Zeit, wo die Kaffeesatzleser sich bei den Glaskugelbesitzern erkundigten, was zu einem ungebremsten Aufkommen von Vorhersagen führte. Jeder Experte hatte seine eigene Meinung und sobald diese sich auch nur halbwegs mit den Vorstellungen der Regierung deckte, wurde der Experte näher ans Mikrofon gerückt. Das hatten die Experten schnell raus und wer noch an seinem Auftritt in der Öffentlichkeit arbeitete und sich seine Sporen verdienen wollte, wusste nun genau, was er zu sagen hatte, um im Scheinwerferlicht der Mainstream-Medien zu landen.

Plötzlich standen da Gesundheitsexperten vor der laufenden Kamera, die zuhause nicht mal die eigene Gebisspflege hinbekamen.

Altgediente Forscher, Wissenschaftler und mit der Faktenlage bestens Vertraute Universitätsmitarbeiter blieben außen vor, es blieb ihnen nur, die Hände über dem Kopf zusammenzuschlagen, wenn sie die Faktenverdrehungen, medial bestens inszeniert mitansehen mussten.

Kapitel Nr. 5 – Greta Thunberg?

In der Politik ist es immer schon gefährlich gewesen, in der ersten Reihe zu stehen, denn dort hagelt es die meisten Backpfeifen, man wird von allen erkannt und schnell als Schuldiger – für was auch immer – ausgemacht.

Daher ist es gut, wenn man einen Prellbock hat, eine Galionsfigur, auf die man mit dem Finger zeigen kann, wenn es mal nicht so läuft, wie es sich die breite Masse vorstellt.

Da kam der Politik die kleine Greta gerade recht. Die Mutter Sängerin, der Vater Schauspieler, dazu noch ein Klimatologe als Mentor, man hatte ein komplettes Team, das man nach alter Taschenspielertaktik nach vorne spielen konnte, während man hinten unerkannt weiter seinen Faden spann. Es genügte ein Fingerzeig und die Medien stürzten sich auf Kleingreta und brachten sie in die Schlagzeilen. Eine Heilsbringerin, die Retterin des Klimas, ach was der ganzen Welt, eine Heldin, die wusste, wo es lang ging. Ein krankes Kind – Greta leidet unter dem Asperger-Syndrom (sagt man) – wird quasi zur Märtyrerin und Heiligen zu gleich und das noch zu Lebzeiten. (Das Asperger-Syndrom ist eine Form von Autismus. Menschen mit Asperger-Syndrom finden den Umgang mit anderen Menschen und den Aufbau von Beziehungen schwierig. Sie haben gute sprachliche Fähigkeiten, haben aber oft Schwierigkeiten mit den sozialen Aspekten der Kommunikation.) Medien machen Leute, und genauso schnell können sie diese auch wieder fallen lassen.

Wo Medienrummel ist, geht es auch um Geld, um viel Geld, gleich gibt es Trittbrettfahrer. Denken wir an die Hamburgerin Luisa-Marie Neubauer, sie verkauft sich als deutsche Klima-Aktivistin, auch wenn sie treudoof alles von Greta nachbrabbelt.

Yachteninhaber sehen ihre Chance, in die Medien zu gelangen und so nimmt der Rummel an Fahrt auf. Greta Thunberg bricht mit einem Segelboot in die USA auf. Das globale Medienspektakel um die Klimaschützerin erreicht einen neuen Höhepunkt. Doch im Hintergrund ziehen Polit-Profis ihre PR-Strippen und machen erstaunliche Geschäfte.

Seit 800 Jahren ist keine Kinderseefahrt mehr so beachtet worden wie die von Greta Thunberg in dieser Woche. Die schwedische Klimaaktivistin sticht in See nach Amerika, um beim Klimagipfel der Vereinten Nationen am 23. September in New York die Welt vor dem Untergang zu warnen. Und weil sie das demonstrativ emissionsfrei tun will, fliegt sie nicht, sondern segelt sie mit der Hochseeyacht „Malizia II" los.

Es wird ein bildmächtiges Medienspektakel globaler Dimension: Das zerbrechliche Kind stürzt sich in die Atlantikfluten, um die Apokalypse noch zu verhindern. Titelseiten und Nachrichtenaufmacher sind ihr damit sicher. Historiker fühlen sich an das Jahr 1212 und den Kinderkreuzzug erinnert.

Damals wollten politisch beseelte Kinder ebenfalls mit allerlei Seefahrer-Spektakel die Welt retten, predigten inbrünstig für

Armut wie für Gott und brachen ins Heilige Land auf. Ihr Anführer hieß Nikolaus, minderjährig wie Greta und ebenso charismatisch, er kam aus Köln und trug ein Kreuzzeichen aus Schiffstauen bei sich. Auch ihm flogen die Herzen der damaligen Zeit zu. Er versprach Kindern, die sich um ihn geschart hatten, ein Wunder: Das Meer würde sich in Genua teilen und so würden sie trockenen Fußes nach Jerusalem gelangen.

Es kam anders, der friedliche Kinderkreuzzug scheiterte, doch die Faszination vor dem Kind als moralischem Mahner blieb im europäischen Unterbewusstsein für Jahrhunderte erhalten.

Greta Thunberg profitiert davon bis heute. Die einen – vor allem im links-ökologischen Milieu – verehren die 16-jährige Umweltaktivistin als selbstlose Prophetin und tapfere Kinder-Kämpferin wie eine Heilige. Die von ihr ausgelösten „Schulstreiks für das Klima" seien zur wichtigen Jugend-Bewegung *Fridays for Future* gewachsen. Schlagartig war Schule schwänzen zum Kult geworden.

Andere – vor allem Rechtspopulisten – schmähen sie als „öko-religiöse Putte" und ihr Tun als „grünen Katastrophenklamauk". Sie sei eine „Wunderwaffe der Grünen", um der Welt eine neue Öko-Ideologie einzuflüstern.

Jenseits der politischen Lagerperspektive ist der Mensch Greta Thunberg für die meisten Beobachter schlichtweg ein Faszinosum, ein mutiges Mädchen mit Asperger-Syndrom, das mit ansteckendem jugendlichem Idealismus die Klimadiskussion anfacht. Doch selbst für viele Sympathisanten sind die jüngsten Inszenierungen ihrer Person unglücklich bis befremdlich. Es wächst im Publikum die Skepsis, wer warum den neuen Superstar des Öko-Zeitgeistes eigentlich so professionell inszeniert und wie es dem kranken Kind im politischen Getümmel wohl geht?

Greta Thunberg hat mittlerweile den Terminplan eines Supermodels und Spitzenpolitikers; Pressekonferenzen, Foto-Shooting, Interviews, Parlamentsreden, Demonstrationsauftritte wechseln sich immer hektischer ab.

Auf einem Fototermin im Braunkohle-Revier Hambacher Forst hat sie sich mit einer vermummten Aktivistin – der Verfassungsschutz stuft die gewaltbereite Szene als linksextremistisch ein – fotografieren lassen und einige Kritik dafür einstecken müssen.

Auch die Segeljachtfahrt wird vielfach kritisch kommentiert, weil es sich um eine der teuersten Rennjachten der Welt handelt, weil ihr „Team Malizia" aus Monaco stammt und also aus einem Steuerparadies, weil das Schiff einem ominösen Stuttgarter Immobilienmillionär gehört, weil sich Greta unnötig in atlantische Sturmgefahren begibt.

Eine Sprecherin des Teams sagte der Deutschen Presse-Agentur, die Reise könnte für Greta je nach Wetterverhältnissen recht unruhig werden und ergänzt lakonisch: „Aber Greta ist ein mutiges Mädchen, sie wird das locker hinkriegen."

So wachsen im Publikum die Zweifel über die Motive von Gretas Hintermännern. Ist sie womöglich ein kalt inszeniertes Produkt cleverer Marketingstrategen, die Profit aus dem medialen Hype schlagen wollen? Bereits im Februar berichtete die linksgerichtete Tageszeitung „taz" unter dem Titel „Greta Thunberg kommerziell ausgenutzt/ Aktivistin als Werbefigur".

Die junge Klimaaktivistin Greta Thunberg hat eine ganze Bewegung ins Rollen gebracht. Mittlerweile stehen ihr mehrere Berater zur Seite, unter anderem der Klimatologe Kevin Anderson. Wie groß ist sein Einfluss? Wir werden der Wahrheit wahrscheinlich nicht näherkommen als jetzt.

Aber weshalb ich Greta überhaupt erwähne, ist, weil sie da offensichtlich ein paar physikalische Dinge durcheinandergebracht hat. Sie sieht Wasserdampf über Kühltürmen aufsteigen und äußert sich der Presse gegenüber, sie könne das CO_2 sehen.

Das war einer der Momente, da hatte es bei mir „klick" gemacht.

Kapitel Nr. 6 – Die junge Generation steht zu Recht auf

Der Mensch hat sich im Laufe seiner Entwicklungsgeschichte meist wenig um seine Umwelt gekümmert. Manche Tiere wurden so lange gejagt, bis sie ausgestorben waren. Wenn die bebauten Böden nichts mehr hergaben, zogen die Bauern weiter und machten neues Land für den Ackerbau urbar. Ganze Landstriche wurden für Bau- und Brennholz gerodet. In Flüsse und Meere wurden ungeklärte Abwässer eingeleitet, Chemikalien verpesteten die Gewässer auf Generationen.

Vorindustrielle Rauchgasschäden

Ein massives Umweltproblem, das nicht erst mit der Industrialisierung aufkam, war die Luftverschmutzung. Sogenanntes Rauchgas, das bei der Arbeit in Eisen-, Metall- oder Kupferhütten ausgestoßen wurde, rief Schäden an den umliegenden Bäumen hervor. Zudem belasteten die Emissionen die Atemluft in Hüttennähe.

An der Bamberger Glashütte, die an einer Weide in der Nähe einer Klinik erbaut werden sollte, entbrannte 1802 der erste umweltpolitische Streit. Bamberger Bürger wandten sich in einem Schreiben an die Obrigkeit. Sie wollten die Ansiedlung der Hütte verhindern – die schöne Natur, so hieß es im Schreiben, sollte nicht verhunzt werden.

Unterstützt wurden die Bürger durch zwei Mediziner, die befürchteten, der Rauch könnte bei Anwohnern und Krankenhauspatienten zu Atemwegserkrankungen führen. Doch die Protestler konnten sich nicht durchsetzen, die Hütte wurde gebaut. Einige Jahr später allerdings wurde sie an einen anderen Ort verlegt.

Die industrielle Umweltkatastrophe

Mit der Industrialisierung stieg der Energieverbrauch besonders ab Anfang des 19. Jahrhunderts sprunghaft an. Die erhöhte Produktion von Eisen und Stahl sowie der Bau von Maschinen erforderte enorme Mengen an Kohle, deren Verbrennung die Luft stark belastete. Vor allem in den Ballungszentren konnte man kaum mehr atmen, die Luft war voller Rauch, giftige Schwefeldioxidverbindungen führten zu einem Waldsterben größeren Ausmaßes.

Auch Gewässern und Böden wurden während der Industrialisierung dauerhafte Schäden zugefügt. Klärwasser, giftige Chemikalien, Düngemittel und andere industrielle Abwässer landeten in den Flüssen und verseuchten sie so stark, dass das oft gefärbte Wasser ungenießbar wurde. Rund um Industrieansiedlungen herum wurden die Böden mit Blei, Cadmium, Quecksilber und anderen Giften verseucht, Altlasten aus den Betrieben taten ein Übriges.

Großes Fabrikareal, im Hintergrund viele rauchende Schlote, dazwischen hohe Backsteinbauten, davor Stahlträger, Rohre, einzelne Pferdefuhrwerke. Der Energiebedarf der Industrie war enorm

Steigende Bevölkerungszahlen belasten die Natur

Mit der Industrialisierung einher ging ein enormes Bevölkerungswachstum, das dazu führte, dass vor allem die Städte rasant anwuchsen. Neue Wohnsiedlungen mussten gebaut werden, immer größere Bodenflächen wurden versiegelt, was zum Absinken des Grundwasserspiegels beitrug.

Auch das Verkehrsaufkommen stieg rasant an. Menschen mussten von ihren Wohnstätten zur Arbeit pilgern, vor allem aber mussten Güter möglichst schnell über große Strecken transportiert werden. Eisenbahnstrecken wurden durch die Landschaft gebaut und Flüsse begradigt.

Zwar waren sich auch die Zeitgenossen des 19. Jahrhunderts bereits darüber im Klaren, dass die Zerstörung der Natur erhebliche Probleme mit sich bringen würde – doch genutzt hat diese Überzeugung bis auf den heutigen Tag nicht viel.

10 UMWELTPROBLEME UNSERER ZEIT – URSACHEN UND LÖSUNGEN

Von Christoph Schulzblog, Umweltschutz, Wissen3. April 2019

Wie lösen wir die größten Umweltprobleme unserer Zeit? Zugegeben – das ist eine Frage, auf die es nicht die EINE Antwort gibt. Dennoch gibt es eine Antwort, die aus tausenden kleinen Lösungen zusammensetzt. Ob Klimawandel, Wasserknappheit oder das Artensterben. Jeder Einzelne von uns kann hat in seinem Alltag jeden Tag aufs Neue die Chance, den Unterschied zu machen. Sei es durch einen nachhaltigen Alltag oder politisches Engagement.

In diesem Artikel erfährst du, mit welchen Umweltproblemen wir aus welchen Gründen zu kämpfen haben, wie Sie miteinander zusammenhängen und welche Lösungen bereits parat stehen.

Klimawandel

Wasserknappheit

Luftverschmutzung

Bodenerosion

Überbevölkerung

Abholzung

Artensterben

Welthunger

Überfischung

Plastikmüll in der Umwelt

WELCHE UMWELTPROBLEME GIBT ES?

Ich unterteile die Umweltprobleme unserer Zeit in direkte und indirekte Umweltprobleme. Denn es gibt durchaus auch Probleme der Menschheit, die zum Beispiel indirekt großen Einfluss auf den Klimawandel haben. Im Folgenden möchte ich dir unter diese Berücksichtigung deshalb jetzt unsere 10 größten Umweltprobleme bzw. Probleme für die Umwelt vorstellen.

1. Umweltproblem des Klimawandels

Grundsätzlich kann der Begriff des Klimawandels sowohl eine Abkühlung als auch eine Erwärmung der Erde bezeichnen. Wer aktuell vom Klimawandel spricht, meint damit aber die von uns Menschen verursachte globale Erwärmung. Seit den 80ern ist die Durchschnittstemperatur auf unserem Planeten von etwa 0,20°C auf fast 1°C angestiegen. Übermäßige Hitzewellen, Dürreperioden, Stürme und Überschwemmungen sind die Folgen. Der Klimawandel wird ganze Städte verschwinden lassen und soziale Katastrophen auslösen, wenn wir Ihn nicht stoppen.

Ursachen: Die Abholzung von Wäldern hat zur Folge, dass weniger CO_2 aufgenommen werden kann und gleichzeitig das von den abgeholzten Bäumen zuvor aufgenommene CO_2 wieder in die Atmosphäre gelangt. Die Verbrennung von Kohle zur Stromerzeugung oder die Abgase von Fahrzeugen und ganz besonders Flugzeugen haben ebenfalls einen großen Anteil am Klimawandel. Eine der Hauptursachen für den Klimawandel ist aber der Fleischverzehr. Denn für die Herstellung von Tierfutter müssen Wälder Platz für Felder und Weiden machen. Kühe, Schweine und Schafe stoßen zudem große Mengen Methan aus.

Lösung: Im Alltag kannst du schon deinen Teil dazu beitragen, den Klimawandel stoppen. Vermehrt öffentliche Verkehrsmittel nutzen und selbstverständlich auch mit dem Start in die vegane Ernährung oder zumindest deutlich weniger Fleisch essen. Der Einsatz erneuerbarer Energien benötigt eine intensivere Förderung, um der Kohle den Kampf anzusagen. Schlussendlich muss mehr Wald aufgeforstet werden, als abgeholzt wird. Es gibt aber noch so viele weitere großartige Ansätze gegen den Klimawandel.

Tipp: Schaue gern zusätzlich noch in den Beitrag über Klimawandel Statistiken, Zahlen und Fakten herein, um dir ein klareres Bild dieses Umweltproblems zu machen.

2. Umweltproblem der Wasserknappheit

Ein großer Teil des Aralsees ist bereits ausgetrocknet – da die Anliegerstaaten Kasachstan und Usbekistan nach dem Trinkwasser lechzen.

Ohne Wasser existiert auf diesem Planeten kein Leben. Ein massives Umweltproblem unserer Zeit existiert in Form der Wasserknappheit. Jeder Deutsche verbraucht ungefähr 120 Liter Wasser am Tag für Mahlzeiten, Körperpflege oder das Putzen. Empfohlen wird übrigens, etwa 3 Liter Wasser am Tag zu trinken. Wird zu den 120 Litern am Tag noch der Wasserverbrauch für die verzehrten Lebensmittel eingerechnet, sind es sogar 5300 Liter pro Tag, der vergeht. Wichtig zu wissen ist auch, dass Wasser nicht gleich Wasser ist. Denn 97% des Wassers auf unserem Planeten sind salziges Meerwasser – das nicht trinkbar ist. Ganze

2% sind zu Eis gefroren. Übrig bleibt uns nur noch 1% des Wassers aus den Flüssen, um es zu trinken und unsere Felder damit zu bewässern.

Ursachen: Unsere Art zu leben – also die Wasserverschwendung – ist mitverantwortlich für die Wasserknappheit. Aber auch die zunehmende Vergiftung unserer Flüsse sorgt dafür, dass vielerorts bereits akute Wasserknappheit herrscht. Beispielsweise durfte ich das in Südafrika am eigenen Leib erfahren. Bereits am Flughafen wurde man zum Beispiel mehrmals darauf hingewiesen, nur maximal eine Minute zu duschen. Es gab Tage, da kam für ganze 10 Stunden kein Tropfen Wasser aus den Leitungen.

Lösung: Der Fakt, dass jeder Deutsche inklusive seine Lebensmittel 5300 Liter Wasser am Tag verbraucht zeigt, was wir in unserem Alltag tun können. Zum einen weniger Wasser am Hahn verbrauchen. Auch dir Toilettenspülung nur mit größter Sorgfalt gedrückt. Der große Knopf spült allein 5 Liter Wasser ins Abflussrohr. Wir können das Umweltproblem der Wasserknappheit sowohl im Haushalt, aber ganz besonders auch durch eine vegane Ernährung lösen. Denn allein für die Herstellung von einem Kilogramm Rindfleisch werden ganze 15.415 Liter Wasser verbraucht.

3. Umweltproblem der Luftverschmutzung

Eine Stadt im Smog. Dieses Bild wurde in Shanghai aufgenommen.

Es gibt keine völlig reine Luft mehr – weder auf dem Land – und schon gar nicht in den Städten. Mit der Industriellen Revolution hat das Unheil begonnen. Abgase aus der Industrie, von Autos oder Flugzeugen. Ob CO2, Ozon, Feinstaub oder Stickoxide. Wir blasen massenhaft Schadstoffe in die Luft. München hat von den deutschen Städten mit 71 µg / m3 die höchste Feinstaubbelastung – glücklicherweise sind die Werte aufgrund des technischen Fortschritts in der Mobilitäts-Branche rückläufig.

Das Umweltproblem der Luftverschmutzung existiert vor allem international. Beispielsweise hat die nigerianische Stadt Onitsha mit 594 µg / m3 die höchste Feinstaubbelastung aller Städte dieser Welt. Wer alt werden will, kann in dieser Stadt schlichtweg nicht mehr leben. Leider kennt die Luftverschmutzung keine Ländergrenzen, weshalb dieses Umweltproblem schlussendlich jeden etwas angeht. Nach Erhebungen der Weltgesundheitsorganisation (WHO) sind zum Beispiel im Jahr 2012 acht Millionen Menschen an den Folgen des beschriebenen Umweltproblems gestorben. Zusätzlich fördert die Luftverschmutzung natürlich auch den Klimawandel.

Ursache: Autos, LKWs, Industrien und auch private Haushalte stoßen Schadstoffe aus. Ausschließlich wir Menschen sind der Grund für die Existenz dieses Umweltproblems. Auch das Umweltproblem der Überbevölkerung ist also eine Ursache für die verschmutzte Luft, die wir atmen.

Lösung: Da wir das Problem verursacht haben, können wir es auch lösen. Zum Beispiel im Alltag, indem wir unnötige Autofahrten vermeiden, am Arbeitsplatz Energie sparen oder unseren Sondermüll ordnungsgemäß entsorgen. Wir müssen außerdem fossile Brennstoffe mehr und mehr durch erneuerbare Energien ersetzen. Solarenergie, Windenergie und so weiter. Dann verbessert sich auch automatisch die Ökobilanz des Elektroautos. Teil der Lösung wird auch sein, das übermäßige Wachstum der Weltbevölkerung auszubremsen.

4. Umweltproblem der Bodenerosion

Wenn du eine Handvoll gesunden Bodens greifst, hältst du mehr Organismen in den Händen, als es Menschen auf der Erde gibt. Durch die Organismen speichert der Boden Nährstoffe und Wasser. Auf diese Weise speichern unsere Böden mehr Kohlenstoff als alle Wälder zusammen. Nur leider wird der Boden durch menschliches Verhalten immer unfruchtbarer.

Das Umweltproblem der Bodenerosion kann schließlich dazu führen, dass Böden nicht mehr landwirtschaftlich nutzbar sind. Es wird davon ausgegangen, dass auf diese Weise jedes Jahr fast 1% der weltweiten Böden unbrauchbar werden.

Ursachen: Das Umweltproblem der Bodenerosion ist eine Folge menschlichen Verhaltens. Indem wir Felder überweiden, monokulturell landwirtschaften, zu kurze Brachzeiten nutzen oder Wälder abholzen, provozieren wir, dass Böden unfruchtbar werden. Wenn der nährstoffreiche Mutterboden (oberste Bodenschicht) zu trocken ist, wird der Boden außerdem auch zu leicht von Winden abgetragen.

Lösung: Landwirte müssen Fruchtfolgen und ideale Brachzeiten einhalten – windschützende, natürliche Hecken müssen erhalten bleiben. Dichte Wälder und Wiesen sind der ideale Schutz gegen das Umweltproblem der Bodenerosion. Zudem müssen Flüsse und Seen – bzw. das Grundwasser vor Giftstoffen geschützt werden. Dass hier auch politisch schnell gehandelt wird ist zu erwarten, da gesunde, fruchtbare Böden essenziell für die allgemeine Ernährungssicherheit sind.

5. Problem der Überbevölkerung

Die Überbevölkerung ist kein direktes Umweltproblem – aber ein Problem für die Umwelt. Vor 100 Jahren lebten etwa 1,6 Mrd. Menschen auf der Erde. Ein halbes Jahrhundert später waren es schon, 2,5 Mrd. Und bis heute ist die Anzahl der Weltbevölkerung auf fast 8 Mrd. Menschen angestiegen. Logisch, dass diese exponentielle Wachstum Folgen für unsere Gesellschaft und ganz besonders die Umwelt mit sich bringt. Jeder zusätzliche Bewohner hinterlässt zusätzlichen Müll, verbraucht Energie, viel Wasser und muss sich ja auch von irgendetwas ernähren. Um den steigenden Bedarf zu decken wird mehr Ackerfläche benötigt, für diese muss Wald weichen wodurch sowohl der Klimawandel als auch das Artensterben gefördert werden.

Ursache: Bessere medizinische Versorgung, Mangelnde Aufklärung, fehlende Verhütungsmethoden oder auch die hohe Sterblichkeitsrate von Kindern in Afrika, weshalb Frauen mehr Kinder gebären, denn Kinder sind eine wichtige Alterssicherung.

Lösung: Großflächige Kampagnen zur Aufklärung und auch die Verteilung von Verhütungsmittel kann Abhilfe schaffen. Möglicherweise sind auch politisch durchgesetzte Geburten-

Beschränkungen notwendig. Bildung ist aber meiner Meinung nach das beste Mittel, um das Wachstum der Weltbevölkerung einzudämmen.

6. Umweltproblem der Abholzung

Die Abholzung und Rodung der Regenwälder haben zum Beispiel weitreichende Folgen für unser Klima und die Artenvielfalt.

Laut *GlobalForestWatch* vernichten wir jedes Jahr auf der ganzen Welt etwa 30 Millionen Hektar Wald. Allein in Brasilien werden pro Jahr 4,52 Millionen Hektar Wald zerstört. Im Land werden Umweltgesetze aufgeweicht, die Fläche geschützter Areale reduziert und Fördermittel für den Naturschutz gestrichen. Es kommt nicht von Ungefähr, dass mit Blairo Maggi – der größte weltweite Sojaproduzent – der brasilianische Landwirtschaftsminister ist. Denn auch für den Anbau von Soja werden Wälder abgeholzt.

Die Folgen der globalen Abholzung der Wälder sind schwerwiegend: Klimawandel, Artensterben oder Bodenerosion werden durch die Rodung und Abholzung der Wälder hervorgerufen. Als Beispiel: Bäume, die CO_2 gebunden haben werden abgeholzt und geben dabei das aufgenommene CO_2 in die Atmosphäre.

Ursachen: Immer mehr Menschen haben verstanden, dass Palmöl Regenwald zerstört – und dass es in dem Großteil der Alltagsprodukte steckt, die wir verwenden. Die Abholzung und Rodung der Wälder ist aber ein Umweltproblem, dass auf mehr zurückzuführen ist als nur die Palmölproduktion. Auch die Tropenholzgewinnung, der Landgewinn für Viehhaltung und Sojaplantagen oder der Abbau von Rohstoffen wie Gold, Eisenerz oder seltenen Erden für Smartphones gehören zu den größten Ursachen dieses Umweltproblems. Für die Papierproduktion wird ebenfalls viel Holz benötigt.

Lösung: Im Alltag können wir dem Umweltproblem der Abholzung der Wälder entgegenwirken. Zum Beispiel durch die Nutzung von recyceltem Toilettenpapier, indem Bücher digital gelesen werden oder einfach durch ein möglichst papierloses Büro. Nutze auch unseren Artikel mit den besten Tipps zum Papier sparen – im Allgemeinen eignet sich der Zero Waste Lebensstil ideal, um die Abholzung zu reduzieren. Auch gegen dieses Umweltproblem ist wieder die fleischlose Ernährung das beste Alltagsmittel – denn dann müssen Wälder nicht für den Anbau von Viehfutter weichen. Lerne, den Rohstoff Holz zu respektieren. Um die Abholzung schnellstmöglich und langfristig zu stoppen, muss aber ganz besonders die Politik handeln – und zum Beispiel Schutzgebiete erweitern.

7. Umweltproblem des Artensterbens

Ob Bienen durch Monokulturen, Pestizid-Einsatz und Überdüngung, Eisbären durch die globale Erderwärmung, Nashörner aufgrund ihres wertvollen Horns oder Pflanzen durch monokulturelle Landwirtschaft und Luftverschmutzung – unser Verhalten bedroht die Artenvielfalt. Das Artensterben ist ein massives Umweltproblem, das menschengemacht ist – und auch das Umweltproblem der Überfischung gehört natürlich dazu.

Ein Blick auf die „Rote Liste der Weltnaturschutz-Union lohnt sich: Von 90.000 Arten sind etwa 25.800 vom Aussterben bedroht. Da das ökologische Gleichgewicht hypersensibel ist, kann schon der Verlust einer Art schwerwiegende Folgen für die Umwelt haben und vielen weiteren Arten die Grundlage für die eigene Existenz nehmen.

Ursache: Der Grund für das Artensterben sind der Lebensstil und die Gier des Menschen. Durch andere von uns hervorgerufenen Umweltprobleme wie Luftverschmutzung, Klimawandel, Plastikmüll im Meer, Abholzung der Wälder oder Bodenerosion (z.B. durch Monokulturen), nehmen wir Tieren ihren Lebensraum. Aber auch durch die Jagd auf seltene und bedrohte Tierarten (Elefant – Elfenbein, Haie – Flosse... usw.) sind viele Tier- und auch Pflanzenarten bereits ausgestorben oder vom Aussterben bedroht.

Lösung: In unserem Alltag können wir beispielsweise eine bienenfreundliche Gartenanlage und versuchen, möglichst emissions- und plastikfrei zu leben. Außerdem ist auch wieder die vegane Ernährung der Schlüssel im Kampf gegen das Artensterben, da keine Wälder abgeholzt werden müssen und Klimawandel entgegengewirkt wird. Es gilt auch der Verzicht auf den Kauf von Produkten aus Elfenbein oder Mäntel aus Naturpelz – denn dadurch unterstützt man die Jagd auf bedrohte Tierarten und den illegalen Wildtierhandel. Dieser und die Wilderei im Allgemeinen müssen viel härter bestraft werden. Es darf nicht möglich sein, dass Donald Trump so einfach den Import von Elefanten-Köpfen erlauben kann – damit seine Söhne die Trophäen ihrer Jagd aus Afrika mit in die Heimat nehmen dürfen. Wilderei nimmt durch solche Entscheidungen leider zu.

8. Problem des Welthungers

Auch der Welthunger ist kein direktes Umweltproblem – aber es ist ein Problem für die Umwelt. Besonders viele Menschen in Afrika, Südamerika und Südost-Asien leiden langfristig unter Unter- und Mangelernährung, weil ein Nahrungsmangel besteht. Es scheint, als könnten die Mengen an produzierter Nahrung auf unserer Erde nicht ausreichen, um dem rasant steigenden Wachstum der Weltbevölkerung Stand zu halten. Dabei ist das schon jetzt möglich: 65% des weltweit hergestellten Getreides – also z.B. Weizen, Dinkel, Gerste, Mais und Reis – wird an Tiere wie Kühe, Hühner und Schafe verfüttert, um daraus Fleisch herzustellen. Nur maximal 15,4% solchen Getreides essen wir selbst. Und etwa 800 Millionen Menschen auf der Welt hungern, obwohl zur selben Zeit etwa 1300 Millionen Kilogramm Lebensmittel vernichtet bzw. verschwendet werden.

Der Welthunger ist also kein Produktionsproblem, sondern ein Verteilungsproblem. Besonders in Kombination dem Umweltproblem des Wassermangels, könnte man auch von einem Ethik-Problem sprechen.

Ursache: Der Grund für den Welthunger liegt also in Verteilung der vorhandenen Lebensmittel begraben. Der Großteil des Getreides wird zu Tierfutter für die Produktion von Fleischerzeugnissen. Gleichzeitig werden massenhaft Lebensmittel verschwendet und weggeworfen. Da mit jedem zusätzlichen Menschen auf diesem Planeten auch der Bedarf an Lebensmittel steigt, ist auch die Überbevölkerung eine Ursache dieses Problems für unsere Umwelt.

Lösung: Es gibt klare Ansätze, um das Problem des Welthungers zu lösen. Eine auch aus ethischer Sicht sinnvolle Lösung ist, die eigene Lebensmittelverschwendung zu reduzieren. Das geht zum Beispiel, indem wir Lebensmittel länger haltbar machen oder nur so viel einkaufen, wie wir wirklich brauchen. Außerdem sind besonders das vegane oder vegetarische Leben die langfristig beste Lösung gegen den Welthunger. Wer auf Fleisch verzichtet, wirkt also nicht nur Umweltproblemen wie der Wasserknappheit oder dem Klimawandel entgegen, sondern tut gleichzeitig auch etwas gegen den Welthunger. Wir müssen einen respektvollen Umgang mit Lebensmitteln vorleben und lernen, sie fair zu verteilen.

9. Umweltproblem der Überfischung

Jedes Jahr wird weltweit etwa 90.900.000 Millionen Tonnen Fisch aus unseren Meeren gezogen. Das bleibt nicht ohne Folgen für die marinen Ökosysteme: Laut WWF sind 33,3% der Fische, die wir essen, bereits überfischt. 60% des weltweiten Fischbestandes gilt als maximal genutzt. Im Mittelmeer werden sogar 62,2% der Fischarten als überfischt eingestuft.

Das Umweltproblem der Überfischung wirbelt die Nahrungskette durcheinander und hat und provoziert mit dem Artensterben direkt das nächste Umweltproblem. Um den hohen Fischbedarf zu decken, werden leider auch Fangmethoden angewendet, die keine Kontrolle der tatsächlich ins Netz gehenden Arten zulassen. So landen zum Beispiel auch Haie, Schildkröten und Delfine in den Netzen.

Ursachen: Die Hauptursache liegt in der zu hohen Nachfrage nach Fisch – wozu auch das hohe Wachstum der Weltbevölkerung führt. Dadurch werden auch Fangmethoden genutzt, die nicht nachhaltig sind – zum Beispiel das Fischen mit dem Schleppnetz. Die Politik gibt entgegen allen wissenschaftlichen Empfehlungen zu hohe Fangquoten vor – das ist ein entscheidender Grund für die Überfischung. Auch das Umweltproblem des Plastikmülls im Meer und die Vergiftung unserer Flüsse durch die Industrie tragen ihren Anteil zur Überfischung bzw. dem Artensterben bei.

Lösung: Ein ausgeglichenes Fischereimanagement und faire internationale Fischereiabkommen mit Drittstaaten können diesem Umweltproblem entgegenwirken. Als Konsument können wir etwas gegen die Überfischung unternehmen, indem wir nur noch Fische aus nachhaltiger Fischerei bevorzugen. Erkennbar zum Beispiel am MSC-Siegel.

Der WWF stellt außerdem regelmäßig aktuelle Informationen bereit, auf welche Fische man zum aktuellen Zeitpunkt lieber ganz verzichten sollte. Da zum Beispiel der Karpfen nicht überfischt ist, stellt der Kauf keine Bedrohung für das marine Ökosystem dar. Der Verzehr von Aalen sollte stattdessen aber eingeschränkt werden.

10. Umweltproblem des Plastikmülls im Meer

Jede Minute wird auf unserer Erde eine LKW-Ladung Plastikmüll ins Meer gekippt. 8 Millionen Tonnen sind es pro Jahr, die direkt im Meer landen. Etwa 32 Millionen Tonnen landen einfach als Plastikmüll in der Umwelt und dann über Umwege in den

Ozeanen. Jedes Jahr verenden aufgrund unseres Plastikwahns 100.000 Meeressäuger und etwa 1.000.000 Seevögel. Das Problem: Plastik ist nicht biologisch abbaubar und bleibt für Jahrhunderte im Ozean. Eine Plastikflasche benötigt etwa 500 Jahre, bis sie sich zu Mikroplastik zersetzt hat. Doch jedes kleine Stückchen Plastik, dass jemals produziert wurde, ist noch auf unserem Planeten. Und genau deshalb treiben heute 5 große Müllstrudel in unseren Ozeanen, angetrieben von den Meeresströmungen.

Ursache: Schlechte Entsorgungssysteme, ein mangelhafter Bildungsstand, Bequemlichkeit und natürlich auch die nicht vorhandene Verantwortung der Unternehmen für den in Umlauf gebrachten Verpackungsmüll. Ein Pfandsystem für Plastikflaschen, wie in Deutschland, gibt es leider nur in sehr wenigen Ländern.

Lösung: Ein plastikfreier Lebensstil ist der langfristig beste Ansatz, um dieses Umweltproblem zu lösen. Denn der Verzicht auf den Kunststoff sorgt dafür, dass sich das Angebot verändert und immer mehr Produkte ohne Plastikverpackung angeboten werden. In meinem Buch Plastikfrei für Einsteiger erkläre ich dir Schritt für Schritt, alles, was du darüber wissen musst. Da sich bereits Massen an Plastikmüll in der Umwelt befinden, müssen neben der Vermeidung des Plastikmülls aber auch Aufräumaktionen stattfinden. Diese kannst du z.B. wunderbar im Urlaub machen. Wie das geht, erfährst du im Artikel über das *Beach CleanUp* organisieren.

Tipp: Um dieses Umweltproblem noch etwas greifbarer zu machen, habe ich dir hier noch einen Artikel zu wissenschaftlichen Zahlen und Fakten über Plastikmüll zusammengestellt.

Können wir diese Umweltprobleme lösen?

Ja, das können wir. Wir haben nur leider mit freiwilligen Maßnahmen und einer „das wird schon von allein"-Mentalität schon viel zu viel Zeit verloren. Deshalb ist es extrem wichtig, dass sowohl Unternehmen und Politik als auch private Konsumenten mitziehen. Ist das nicht der Fall, können wir nicht garantieren, dass zukünftige Generationen in 100 Jahren noch auf einem bewohnbaren Planeten aufwachsen können.

Die größte Bedrohung für unseren Planeten ist der Glaube, dass jemand anders ihn retten wird.

Autor: Christoffel den Biggelaar

Kapitel Nr. 7 – Fridays for Future

Waren damals unsere Helden noch Winnetou und Old Shatterhand, so brachte der Prager Frühling uns 1968 neue Helden. Wir riefen ‚Dubček' und ‚Svoboda', hatten T-Shirts mit Che Guevara übergestreift. Damals war ich 14, wir waren gegen die Notstandsgesetze, auch wenn wir gar nicht die Tragweite dieser Grundgesetzänderung begreifen konnten. Wir waren die Jugend und stärkten den etwas älteren Teenagern den Rücken. Etwas geriet in Bewegung, der Wind wurde rauer und gleichzeitig entwickelte sich zu unserer Pubertät eine sexuelle Freiheit, die der Prüderie der älteren Generation entgegenstand.

Die nächste Jugend - nur etwa 50 Jahre - später ist mit ihrer Bewegung „Fridays for Future" mitten dabei, etwas in Gang zu setzen, wobei es bestimmt vielen gar nicht klar ist, dass hier nach Beschränkungen und Einschränkungen gerufen wird, die den jungen Leuten, wenn denn in die Tat umgesetzt, einen Großteil der von der Vorgängergeneration erlangten Freiheiten wieder wegnehmen.

Man kann nicht gleichzeitig gegen die Kinderausbeutung bei der Schürfung seltener Erden sein, sich darüber mit Kollegen allerdings auf dem I-Phone verständigen oder den Papa bitten, mit dem Auto abgeholt zu werden, wenn die Demo vorbei ist.

In diesem Zusammenhang fällt mir eine Anekdote ein. Ein junger Mann erklärt einem alten Mann:

„Alter Mann, ich kann gut nachvollziehen, dass Sie uns Jugendliche nicht verstehen können, damals zu Ihrer Zeit lebten Sie ja quasi in der Steinzeit. Kein E-Mail, kein Handy, kein Internet, Kein Farbfernsehen, keine Satellitenverbindungen, kein WhatsApp, keine kostenfreie Datenübertagung rund um die Welt. Unsere billigsten Mobiltelefone haben ja heute mehr Rechenkapazität als ein NASA-Rechenzentrum."

Der alte Mann brauchte gar nicht lange zu seiner Antwort:

„Du hast Recht, das alles hatten wir nicht, wir waren alle damit beschäftigt, diese Dinge zu erfinden und für die nächste Generation möglich zu machen. Und was tust Du Grünschnabel für die nächste Generation?"

In unserem technischen Streben nach Perfektion und Weiterentwicklung sind wir vielleicht über das Ziel hinausgeschossen, haben Dinge erfunden, für die nachträglich noch ein künstlicher Bedarf entwickelt werden musste. Bei all den heute möglichen Simulationen hat niemand diese Entwicklung vorausgesehen, dass wir bei allem Machbaren über das Ziel hinausgeschossen sind und der ewige Wachstumsgedanke uns letztlich an den Rand des Ruins gebracht hat.

Ich weiß ehrlich nicht, woher die Energie kommen soll, jetzt noch eine Kehrtwende zu vollziehen. Vielleicht wird die nächste Generation mit allem Wissen über Terraforming in der Lage sein, nicht nur neue Welten zu ergründen und bewohnbar zu machen, sondern auch Mutter Erde wieder auf die Sprünge zu helfen und angerichteten Schaden wieder gutzumachen. Es wäre wünschenswert und wir Alten müssen den nächsten Generationen einen Vertrauensvorschuss einräumen, dass sie es besser machen. Besser als es ihnen viele von uns zutrauen.

Kapitel Nr. 8 – Warum Lügen besser ziehen als die Wahrheit

Scheinbar sind wir aufgrund unserer Schwächen und Charakterfehler dazu verdammt, eher der hübsch daher gesagten Lüge zu glauben als der nüchternen Wahrheit, die meist ohne nettes Deckmäntelchen daherkommt.

Man muss da gar nicht erst bis zur Sportpalastrede zurückgehen, das hat schon immer funktioniert, ganze Kreuzzüge standen von Anfang an auf tönernen Beinen, aber die Rhetorik war überzeugend und zwingend, also verließen die Ritter Burg und Hof, machten sich auf zum Abschlachten und Sterben.

Die Politik verfolgt ihre Ziele oft auf gewundenen Pfaden, denn hätte sich die Weltpolitik 2019 hingestellt uns sagte: „Also liebe Leute, wir müssen 10 Prozent der Gesamtbevölkerung loswerden, ein Krieg dauert aber zu lange und ist zu teuer, Freiwillige vortreten…", da wären aber alle in Schockstarre verfallen. So unverblümt dann bitte doch nicht.

Wenn man aber – ganz im Sinne des besten Altruismus die Menschen vereint und einsammelt und vor den Wagen eines hehren Zieles spannt, weil es etwas zu retten gilt, da kommt schon eher Bewegung in die Reihen. „Retten" ist schließlich eine gute Sache. Da denkt man erstmal keinen zweiten Schritt weiter, weil da ja auch der Nachbar gleich mitmacht. Wir retten was! Gemeinsam!

Da mussten die Macher schon eine ganze Weile überlegen, welches Ziel denn da anvisiert werden könnte, denn es muss ja schwierig sein, alle betreffen, und die Rettung soll möglichst lange dauern. Man bedient sich in solchen Fällen gern der Trickkiste Mutter Utopias.

Eiszeitverschiebung, Atmosphärenverdickung, Änderung der Erdachsneigung, nachhaltige Polkappenvereisung, Schaffung eines künstlichen Mondes, da könnte einem schon eine Menge Verrücktes einfallen, man einigte sich schließlich auf das Schlagwort KLIMA. Jawoll, das war griffig, einprägsam und darauf konnte man eine Menge Unsinn aufbauen, Klima-Modelle, Klima-Steuern (yepp!), Klima-Bewegung, Klima-Begrenzung, Klima-Unterricht, Klima-Ausgleich. Die Bürokraten machten sich gleich ans Werk, damit man der gierigen Presse auf entsprechenden Tagungen und Konferenzen ausreichend Futter hinwerfen konnte.

Es wird eine gewaltige Aufgabe sein, alle Länder dieser Erde mit all ihren unterschiedlichen Interessen vor einen Karren zu spannen, aber es hatte ja auch von voneherein niemand behauptet, dass das ein leichtes Unterfangen werden würde.

Kapitel Nr. 9 – Ist der Planet noch zu retten

Als wir den Planeten noch retten konnten

In den 1980er Jahren war die Klimawissenschaft etabliert und die Regierungen waren bereit zu handeln. Diese These stellt der US-Journalist Nathaniel Rich in einem Artikel im New York Times Magazine auf, der derzeit für Furore sorgt. Auf der Suche nach einer Antwort auf die Frage, warum nichts passiert ist.

von Benjamin von Brackel

Die Situation ist alles andere als rosig: Inzwischen zeigt der Klimawandel überall auf der Welt sein Gesicht. Trotz jahrzehntelanger Klimaverhandlungen stoßen die Menschen immer mehr Kohlendioxid aus. Das Restbudget an CO_2, das wir noch in die Luft entlassen dürfen, um die Erderwärmung unter zwei Grad zu halten, ist verschwindend gering. Und möglicherweise, so sagen es Klimaforscher in einer aktuellen Studie, haben wir den Kipppunkt eines unumkehrbaren Aufheizens des Planeten schon überschritten.

Hätte es auch anders laufen können?

Ja, sagt der Journalist Nathaniel Rich, der gerade im New York Times Magazine einen heftfüllenden Essay veröffentlicht hat, der für Furore sorgt.

Die These von "*Losing the Earth – The Decade We Almost Stopped Climate Change*": Schon vor 30 Jahren hätten wir den Klimawandel in den Griff kriegen können. Die Klimawissenschaft war damals schon etabliert, die Welt war bereit zu handeln und in den USA gab es noch nicht die Grabenkämpfe zwischen Republikanern und Demokraten von heute, zwischen hochgerüsteten Klimaleugnern und Umweltschützern. Selbst die Ölkonzerne seien bereit gewesen sich zu wandeln, schreibt Rich. "So gut wie nichts stand uns im Weg – nichts, abgesehen von uns selbst."

Wer war der Schuldige?

Wie ein Thriller liest sich die Geschichte. Das liegt vor allem an der Frage, die einen bis zum Ende des Artikels begleitet: Wenn wir vor 30 Jahren schon den Grundstein legen konnten, die Welt zu retten, warum um Himmels willen haben wir es nicht getan?

Rich hat eineinhalb Jahre für den Artikel recherchiert und über Hundert Experten und Zeitzeugen interviewt, was man seiner Rekonstruktion der "entscheidenden Dekade" von 1979 bis 1989 auch anmerkt, mit der er ein Stück Zeitgeschichte auf erzählerisch hervorragende Weise einfängt. Eine Periode, über die vergleichsweise wenig bekannt ist, was die Klimapolitik betrifft – im Gegensatz zurzeit ab Anfang der neunziger Jahre, als der

Weltklimarat IPCC eingerichtet und die ersten UN-Klimakonferenzen ausgetragen wurden.

Allerdings bleibt Rich am Ende eine Antwort auf seine Ursprungsfrage mehr oder weniger schuldig. Am ehesten gibt er John Sununu, dem damaligen Stabschef von US-Präsident George Bush Senior, die Schuld. Der habe mit dafür gesorgt, dass die *World Conference on the Changing Atmosphere* im Jahr 1989 scheiterte. Dort wollten sich Umweltminister der wichtigsten Staaten zu einer Verringerung der CO2-Emissionen bis zum Jahr 2000 bekennen und damit die Grundlage für einen Klimavertrag legen. Die USA machten dann aber doch einen Rückzieher.

Rich hatte Sununu im Zuge seiner Recherchen gefragt, ob er sich im Nachhinein dafür verantwortlich fühle, "die beste Chance für ein effektives Abkommen zur Erderwärmung gekillt zu haben".

Dessen Antwort: Es hätte ohnehin kein Abkommen gegeben. "Denn ehrlicherweise waren die Führer in der Welt damals in einer Situation, in der sie alle versuchten, es so aussehen zu lassen, dass sie die Politik unterstützen, ohne harte Verpflichtungen eingehen zu müssen, die ihre Nationen ernsthafte Ressourcen kosten würde."

In der gleichen Situation sei man heute wieder, so Sununu.

Ölkonzerne planten die Neuorientierung – und ließen es dann doch

Es bleibt die Frage: Wer hat in den USA dafür gesorgt, dass das kleine Zeitfenster nicht genutzt wurde, das es womöglich gab, um die Energieversorgung des Landes umzustellen und international auf ein Klimaabkommen mit anspruchsvollen Klimazielen zu dringen, wenn es – so Rich – weder die Republikaner noch die Erdölkonzerne gewesen sind?

Rich tut ein wenig so, als sei die Zeit vor 1990 in Sachen Klimapolitik noch ein mehr oder weniger luftleerer Raum gewesen, in dem alles möglich gewesen wäre. Das stimmt vielleicht für ein sehr kleines Zeitfenster und im Hinblick auf die Öl- und Gaskonzerne wie Exxon Mobil oder BP. Es gab damals eine kurze Periode, als auch Exxon massiv in Solartechnologie investierte.

Richs Chronik deutet an, dass die Konzerne kurz davor gewesen waren, ihr gesamtes Geschäftsmodell umzustellen – in Erwartung von gesellschaftlichem und politischem Druck in Richtung einer starken Klimaregulierung. Allerdings änderte sich das sofort, als sie merkten, dass sie von der Politik nichts zu befürchten hatten.

Also nichts von der Regierung unter Ronald Reagan und nichts von der Regierung unter George W. Bush. Was Rich hier unterschätzen mag, sind die Einflüsse der konservativen Bewegung auf die Regierung, die sich seit den 1960er Jahren in den USA immer besser organisierte und gegen Regulierungen aller Art mobil machte, auch gegen Klimavorgaben. So kürzte Präsident Reagan das Budget für die US-Umweltbehörde um ein Viertel und versuchte sogar das US-Energieministerium abzuschaffen.

Richtig ist: Erst als James Hansen 1988 vor dem Senat vor den Folgen des Klimawandels warnte und sich Anfang der neunziger Jahre der Weltklimarat konstituierte, löste das eine wahre

Alarmstimmung etwa bei Erdölkonzernen wie Exxon Mobil aus, die ab Anfang der neunziger Jahre viele Millionen Dollar in den Aufbau eines perfekt organisierten Netzes an Klimaleugner-Organisationen steckten, um das Ansehen der Klimawissenschaft zu untergraben und Klimaregulierung systematisch zu verhindern.

Schlechtes Timing

Das heißt allerdings nicht, dass Erdölkonzerne in der Zeit davor lammfromm waren und die konservativen Netzwerke Freunde von Klimaschutzgesetzen. Sie hatten es einfach nicht nötig.

Der Politikwissenschaftler Peter Jacques von der Florida Central University wies in seiner Studie "*The organization of denial*" auf einen Strategiewechsel in den achtziger Jahren hin: Zunächst habe Reagan ganz offen versucht, Umweltregulierung einzudämmen. Nach heftigen Protesten in der Bevölkerung hätten die Konservativen aber gelernt, "dass es sicherer ist, die Wichtigkeit von Umweltproblemen in Zweifel zu ziehen und Umweltschützer als 'Radikale' darzustellen", die übertreiben und Fakten verzerren.

Rich hat viel Kritik einstecken müssen für seine zentrale These, dass Ende der achtziger Jahre die Bedingungen für einen Durchbruch im Klimaschutz so gut wie nie gewesen seien und dass letztlich "die Menschheit" oder "wir alle" dafür verantwortlich seien, die Chance nicht ergriffen zu haben.

"Ganz im Gegenteil kann man sich kaum einen unpassenderen Moment in der menschlichen Evolution vorstellen, in dem unsere

Spezies mit der harten Wahrheit konfrontiert wird, dass die Annehmlichkeiten unseres modernen Konsumkapitalismus die Bewohnbarkeit des Planeten stetig untergraben", schreibt die kanadische Aktivistin und Journalistin Naomi Klein in einem Kommentar.

Klein liefert folgende Erklärung: "Die späten achtziger Jahre waren der absolute Zenit des neoliberalen Feldzugs, ein Moment größter ideologischer Überlegenheit für das wirtschaftliche und soziale Projekt, das gemeinschaftliches Handeln bewusst schlechtgeredet hat – im Namen der Entfesselung 'freier Märkte' in allen Lebensbereichen."

Mit anderen Worten: Es war schlechtes Timing, das den Durchbruch beim Klimaschutz verhinderte.

Wer ist schuld? Der Mensch oder das System?

Wäre "die menschliche Natur" schuld, wie Rich mutmaßt, dann hätten wir wenig Hoffnung. Gerade ist ein Buch des Astrophysikers Adam Frank erschienen, in dem er die These aufstellt, dass Zivilisationen im gesamten Weltall an der Schwelle zum "Erwachsenwerden" in den meisten Fällen scheitern und sich selbst auslöschen könnten – wie wir an der Sollbruchstelle des Klimawandels.

Klein wehrt sich gegen die fatalistische Sicht, "der Mensch" sei schuld gewesen für das Versagen in den achtziger Jahren. Sie sieht vielmehr die Verantwortung beim Neoliberalismus. Diese Interpretation habe den Vorteil, dass wir doch etwas ändern können, so Klein. "Wir können dieser Wirtschaftsordnung entgegentreten und versuchen, sie durch etwas zu ersetzen, das sich gleichermaßen auf menschliche, wie auf planetare Sicherheit gründet und das Streben nach Wachstum und Profit um jeden Preis nicht in den Mittelpunkt stellt."

Richs Artikel bietet leider keine zufriedenstellenden Erklärungen für seine berechtigte Frage an, warum in den achtziger Jahren nichts passiert ist. Allerdings lohnt sich die Lektüre trotzdem, auch um die Geschichte der frühen Klimaschützer um James Hansen und Rafe Pomerance nachzuspüren. Und vor Augen geführt zu bekommen, wie wenig sich seit der Zeit von Ronald Reagan verändert hat und dass Regierungen und fossile Industrie auch 30 Jahre später noch immer versuchen, die notwendigen Veränderungen zu verzögern.

Zum Handeln getrieben

Europa, China und die USA verstärken ihren Kampf gegen die Erderwärmung. Die EU sieht sich als Vorreiter bei der Bekämpfung des Klimawandels.

Die Aufgabe ist gewaltig und der Weg wird geprägt sein von schwierigen Verhandlungen und Verteilungskonflikten. Doch erstmals, nach vielen verlorenen Jahrzehnten, bahnt sich ein weltpolitischer Durchbruch in der Klimaschutzpolitik an.

In der EU hat sich die Erkenntnis durchgesetzt, das mehr getan werden muss. Nun sind viele weitere große Industriestaaten gefolgt, am wichtigsten sind aufgrund ihrer hohen Emissionen China und Japan – und die Wahl Joe Bidens zum US-Präsidenten.

Kohleausstieg, Klimawandel, Sektorkopplung: Das Briefing für den Energie- und Klimasektor. Für Entscheider & Experten aus Wirtschaft, Politik, Verbänden, Wissenschaft und NGO.

Die Gesamtlage hat UN-Generalsekretär António Guterres kürzlich gut zusammengefasst. Noch führe der Mensch einen ökologischen „Krieg gegen den Planeten". Aber: 2021 könne eine „neue Art Schaltjahr" werden, das Jahr in dem ein Quantensprung Richtung CO2-Neutralität möglich werde.

Viel hängt von den kommenden Tagen, Wochen und Monaten ab, in denen wichtige, grundsätzliche Entscheidungen fallen werden.

Was sind die Auslöser der neuen Dynamik?

Ein wichtiger Teil der Erklärung ist ganz simpel: Es wird schnell wärmer und die vor vielen Jahren gehegte Hoffnung, dass der Klimawandel aufgrund wissenschaftlicher Unsicherheiten bei den Prognosen doch weniger schlimm ausfallen könnte, hat sich in Luft aufgelöst. Schon jetzt liegt die Erderwärmung global bei rund 1,2 Grad im Vergleich zur vorindustriellen Zeit, in Westeuropa sogar bei rund zwei Grad.

Wenn sich die Klimawissenschaftler getäuscht haben, dann eher in der anderen Richtung. Die Folgen sind unmittelbar spürbar: mehr Hitzewellen, katastrophale Erwärmung im hohen Norden des Planeten, stärkere Stürme, ein steigender Meeresspiegel.

Gerade in Europa haben Klimaschutzaktivisten sehr viel bewegt, allen voran die Jugendlichen von *Fridays for Future*. Aus dem Schulstreik, in den zuerst Greta Thunberg trat, ist eine einflussreiche Bewegung geworden, die sich inzwischen auf einen breiten gesellschaftlichen Rückhalt stützen kann.

Sogar die Grünen – einst die Klimaschutz-Radikalos – werden inzwischen unter Druck gesetzt. Die Klimaschutzdebatte hat sich ins Zentrum der Gesellschaft geschoben und wird bis tief ins konservative Lager viel ernsthafter geführt. Auch Spitzenpolitiker, die sich vor einigen Jahren kaum mit dem Thema beschäftigten, haben es ins Zentrum ihrer Agenda gehoben – als Beispiele genannt seien Bundeskanzler Olaf Scholz (SPD) und EU-Kommissionspräsidentin Ursula von der Leyen (CDU).

Befürchtungen, die Corona-Pandemie könnte den Klimaschutz wieder vergessen machen, haben sich nicht bewahrheitet. Im Gegenteil: Der Vorsorgegedanke hat Auftrieb.

Und auch die Warnungen aus der Wissenschaft werden möglicherweise ein Stück ernster genommen. Schließlich: Es gibt mehr und mehr Techniken, die Klimaschutz zu bezahlbaren Preisen ermöglichen. Allen voran die erneuerbaren Energien wie Windkraft und vor allem Fotovoltaik sind deutlich günstiger geworden.

Was plant die EU?

In der EU möchte man beim Klimaschutz weiter internationaler Vorreiter sein. Spätestens 2050 soll Europa der weltweit erste klimaneutrale Kontinent sein.

Wie sich dieses Ziel erreichen lässt, wird derzeit verhandelt. Beim EU-Gipfel in Brüssel zeichnete sich am späten Donnerstagabend nach Angaben aus EU-Kreisen eine Einigung ab, die Klimaziele für Europa zu verschärfen. Die vorbereitete Gipfelerklärung sieht vor, dass die EU bis 2030 ihre Treibhausgase um 55 Prozent senkt, im Vergleich zu 1990. Bisher ist das Ziel minus 40 Prozent. Auch dies wäre international ein wichtiges Zeichen. Doch der Beschluss zum Klimaziel verzögerte sich am Donnerstagabend. Polen und andere Staaten forderten nach Angaben von Diplomaten weitere Zusagen für finanzielle Hilfen bei der Energiewende.

Eingebunden werden soll dieses Ziel in ein Klimagesetz, das seit Ende November zwischen den EU-Ländern und dem Parlament verhandelt wird. Einfach wird das nicht, hat die EU-Kommission ausgerechnet: Bis 2030 fallen jährlich 350 Milliarden Euro an Investitionen zusätzlich an und das derzeitige Klimaziel müsste schon 2025 erreicht werden.

Das Parlament fordert sogar ein Ziel von 60 Prozent. Besonders die osteuropäischen Länder, allen voran Polen und Ungarn, tun sich mit der Verschärfung der Zieleschwer. Sie fürchten den teuren Umbau ihrer Kohleindustrie und fordern weitere entsprechende Finanzhilfen.

Was passiert im Rest der Welt?

Das Ziel der Klimaneutralität ist auf einem Siegeszug um die ganze Welt. Erstaunlich, denn noch vor fünf Jahren war es harte Arbeit, das Konzept im Abkommen von Paris zu verankern. Aber nachdem die EU mit ihrer großen Wirtschaftsmacht sich 2019 dazu bekannt hatte, folgten viele andere Staaten nach.

Der wichtigste ist China. Der größte Emittent weltweit hat im September verkündet, bis 2060 kohlenstoffneutral zu werden. Nach China streben nun auch Japan, immerhin der fünftgrößte Emittent, und Südkorea Klimaneutralität bis zur Mitte des Jahrhunderts an. Neuseeland beschloss kürzlich sogar, dass der gesamte öffentliche Sektor bis 2025 klimaneutral sein muss. Übrigens gibt es auch viele Unternehmen, die das Ziel bis 2040 oder sogar 2030 erreichen wollen.

Wichtig ist jetzt, nicht nur auf ein fernes Ziel für 2050 hinzuarbeiten, sondern einen klaren Weg zum Ziel 2030 vorzuzeichnen. Hier wird es vor allem auf den zweitgrößten Emittenten der Welt ankommen, die USA. Ihr neuer Präsident Joe Biden muss erst einmal die gesellschaftlichen Debatten um ein neues Ziel für 2030 führen. Bisher blieben die USA in diesem Punkt außen vor, weil sie aus dem Abkommen von Paris ausgestiegen waren.

Was ist vom UN-Gipfel in New York am Wochenende zu erwarten?

Noch weitere gute Nachrichten. Der Gipfel ist als Ersatz für die coronabedingt um ein Jahr verschobene Klimakonferenz in Glasgow angesetzt. Reden darf beim virtuellen Treffen nur, wer neue, bessere Zusagen zum Klimaschutz macht. 70 Staats- und Regierungschefs werden sprechen, darunter auch die deutsche Kanzlerin. Mit Spannung erwartet wird, mit welchen Zusagen für 2030 China kommt. Denn klar ist: Die aktuellen Klimapolitiken bringen die Welt laut Vorausberechnungen auf etwa drei Grad Erwärmung. Das ist noch lange nicht gut genug.

Wo werden die Verbraucher das zu spüren bekommen?

Eine klimaneutrale Welt und Wirtschaft werden anders sein. Weil neue Technologien zum Einsatz kommen, vom grünen Stahlwerk, das mit Wasserstoff statt Kohle als Energiequelle arbeitet, bis zum Elektroauto und der Wärmepumpe statt der Gas- oder Ölheizung.

Es werden mehr Windräder in der Landschaft stehen, möglicherweise tun sich neue Konflikte um erneuerbare Ressourcen auf. Individuelle Verhaltensänderungen allein können das Klima nicht retten, aber sie müssen die Umstellung komplementieren. Es ist schwer vorstellbar, dass der Fleischkonsum in den Industrieländern und die Langstrecken-Mobilität auf dem heutigen Niveau verbleiben können.

„Ausdrücke wie 'Öko-Diktatur' sicher nicht hilfreich"

FDP-Politiker fordert verbale „Abrüstung" gegen *Fridays for Future*

Luisa Neubauer ist zum - vom rechten Rand angefeindeten - Gesicht der deutschen Klimaschutzbewegung geworden.

Vieles wird über Preise geregelt werden. In Deutschland startet zum Beispiel zum Jahreswechsel ein nationaler CO_2-Preis von 25 Euro pro Tonne für Sprit, Heizöl und anderen Energieverbrauch – das ist vermutlich erst der Anfang. Alles, was hohe Emissionen verursacht, wird bald deutlich teurer werden.

Dann kam das Jahr 2022 und mit ihm ein ernstzunehmender Konflikt zwischen Russland und der Ukraine. Ein Krieg mitten in Europa, ein Zeitgeschehen, das vor kurzem noch einfach undenkbar war. Diesem Krieg geschuldet verloren die Umwelt, das Klima und die Klimaziele ihre Priorität. Wurde über ein Jahrzehnt darauf hingearbeitet, die deutschen AKWs abzuschalten und sich auch von der Kohleverstromung zu verabschieden, wurden nun Überlegungen laut, von Russland keine fossilen Brennstoffe wie Öl und Gas mehr zu kaufen – selbst die 13 Milliarden teure neue Pipeline Nordstream II kam nicht mehr ans Netz und geht hagelnagelneu einem ungewissen Schicksal entgegen. Die Kohlekraftwerke sollen weiterhin Strom produzieren und die Laufzeiten der alten Atommeiler sollen verlängert werden.

Die Politik steht Kopf und die Oppositionspolitikerin Sahra Wagenknecht erklärt im Bundestag: Noch nie hat Deutschland eine dümmere Regierung gehabt.

Damit spielt sie auf die Ungereimtheiten an, die durch die Sanktionen gegen Russland entstanden sind. Russland als zuverlässiger Öl- und Gaslieferant wird boykottiert, aber woher diese Rohstoffe als Alternative kommen sollen, darauf hat diese Regierung keine Antwort. Es sei denn das achtmal so teure Fracking-Gas der USA, die derweilen weiterhin Gas bei den Russen billig einkaufen.

Kapitel Nr. 10 - Umweltverseuchung wohin man schaut

Erdöl und seine Umweltverseuchung

Erdöl: Darum ist es für die Umwelt und das Klima so problematisch

15. Oktober 2018 von Luise Rau Kategorien: Umweltschutz

Erdöl steckt in einer Vielzahl von Produkten – oft ist man sich dessen gar nicht bewusst. Hier erfährst du mehr zu den fatalen Folgen der Erdölnutzung für Mensch, Tier und Natur.

Was ist Erdöl?

Erdöl ist ein Stoffgemisch, welches größtenteils aus verschiedenen Kohlenwasserstoffen besteht. Es ist ein natürlicher Bestandteil der Erdkruste und bereits viele Millionen Jahre alt. Wie Kohle und Gas wird es deshalb auch als „fossiler Energieträger" bezeichnet. Als gelblich bis schwarz gefärbte, zähe Masse gelangt es an die Erdoberfläche. Erdöl, dass nach der Förderung noch nicht weiterverarbeitet wurde, wird als Rohöl bezeichnet.

Die Vorteile des Rohstoffes sind schon seit tausenden Jahren bekannt. So nutzten bereits Krieger in der Steinzeit die klebrige Masse, um ihre Waffen herzustellen. Im Orient wurde Erdöl vor 12.000 Jahren beim Schiffsbau verwendet. Und in China soll vor 2000 Jahren das erste Mal nach dem beliebten Rohstoff gebohrt worden sein.

Wie gelangen wir an Erdöl?

Mit riesigen Bohrern wird bis zu 8.500 Meter tief nach dem "schwarzen Gold" gegraben.

An einigen wenigen Stellen tritt Erdöl ohne menschliches Zutun aus der Erde. Diese geringen Mengen reichen jedoch bei Weitem nicht aus, um unseren Bedarf nach dem Rohstoff zu decken. Deshalb fingen die Menschen im 19. Jahrhundert an, im großen Stil nach Erdöl zu bohren und es damit in gewaltigen Mengen an die Oberfläche zu befördern.

Für die Erdölförderung arbeiten viele verschiedene Experten und Forscher zusammen. Zunächst wird nach Orten gesucht, an denen Erdöl (relativ nah an der Erdoberfläche) vorhanden ist. Dann wird mit einem gewaltigen Bohrer bis zu 8.500 Meter gegraben, bis man auf die zähe Flüssigkeit stößt. Mit einer Pumpe wird der Rohstoff schließlich nach oben befördert.

Länder, in denen besonders viel Erdöl gefördert wird, sind Russland, USA, Kanada, Venezuela, sowie arabische Länder. Selbst im Meer wird nach dem Rohstoff gebohrt. Dafür werden sogenannte Bohrinseln errichtet, die mithilfe von Betonpfeilern gehalten werden.

Wozu benutzen wir Erdöl?

Benzin und Diesel sind typische Anwendungsgebiete des Erdöls. Dass es sich jedoch auch in Cremes und Salben versteckt, würde man auf den ersten Blick nicht denken.

Benzin und Diesel sind typische Anwendungsgebiete des Erdöls. Dass es sich jedoch auch in Cremes und Salben versteckt, würde man auf den ersten Blick nicht denken.

Nach der Bohrung wird das gewonnene Rohöl in einer Raffinerie destilliert. Mithilfe eines Destillationsturms wird das Öl in seine einzelnen Stoffe zerlegt. Zu diesen Stoffen gehören zum Beispiel Benzin, Petroleum oder Gase wie Methan oder Ethan. Einige Stoffe werden danach weiterverarbeitet, etwa um daraus verschiedene Kunststoffe herstellen zu können.

Durch die vielen verschiedenen Stoffe, die im Rohöl enthalten sind, gibt es mittlerweile kaum Produkte des alltäglichen Lebens, in denen sich kein Erdöl versteckt.

Ein großer Anwendungsbereich des Rohstoffs ist dabei die Verwendung als Heizöl, mit dem wir unsere Wohnungen und Häuser warmhalten.

Als Autobenzin und Dieselkraftstoff nutzen wir den Rohstoff regelmäßig, um unsere Autos mit Sprit zu versorgen. Auch als Treibstoff für Flugzeuge kommt Erdöl zum Einsatz.

Der Stoff „Paraffin" wird ebenfalls aus Erdöl gewonnen und findet sich in vielen kosmetischen Cremes, Make-up-Artikeln oder Shampoos, sowie in Putzartikeln und Kerzen. Auch in der Medizin und Lebensmittelindustrie kommt Paraffin zum Einsatz. So findest du es zum Beispiel in medizinischen Salben, Kaugummis oder sogar als Überzug bei einigen Käsesorten.

Als Basis für die Herstellung von verschiedenen Kunststoffen finden wir Erdöl zum Beispiel in Plastiktüten und -flaschen, Kleidungsstücken, Folien, Matratzen, Fensterrahmen, Schläuchen oder Styropor-Verpackungen.

Der Erdöl-Stoff „Bitumen" ist essenziell für unseren Straßenbau, da er zu Herstellung von Asphalt genutzt wird.

Erdöl und die Klimakatastrophe

Der gedankenlose Umgang mit dem vergleichsweisen billigen Rohstoff stellt uns vor große ökologische und soziale Probleme. Schuld daran sind vor allem die großen Ölkonzerne, die Umsätze und Gewinnmaximierung an erste Stelle setzen und dabei Umweltverschmutzung und die Verletzung von Menschenrechten in Kauf nehmen.

So hat die Erdöl-Verarbeitung zum Beispiel einen großen Anteil an der Klimaerwärmung: Um aus Rohöl Benzin, Heizöl oder Dieselkraftstoff herzustellen, wird Erdöl verbrannt. Dabei werden große Mengen an Kohlenstoffdioxid freigesetzt. Dieses reichert sich in der Atmosphäre an, was dazu führt, dass sich untere Luftschichten erwärmen. Schmelzende Polkappen,

Naturkatastrophen wie Überschwemmungen und Hitzewellen, sowie das Aussterben zahlreicher Tierarten sind nur einige der gefährlichen Folgen der Klimakatastrophe.

Zerstörte Wälder, aussterbende Arten und kranke Menschen

Bereits bei der Bohrung nach Erdöl werden Umwelt, Tiere und Menschen irreversibel geschädigt. So werden rücksichtslos Wälder gerodet, um eine optimale Erdöl-Förderung zu ermöglichen. Schon oft ist es vorgekommen, das Erdöl in Gebieten abgebaut wird, in denen indigene Völker leben. Doch auf diese Menschen nehmen Ölkonzerne keine Rücksicht.

Durch Pipeline-Schäden oder andere Unfälle gelangt die zähe Masse außerdem immer wieder in die umliegenden Naturräume, wo sie ganze Ökosysteme verseucht, die Arten-Vielfalt bedroht und zu einem ökologischen und gesundheitlichen Risiko wird.

Auch sogenannte Gasfackeln sind problematisch. Sie werden genutzt, um die entstehenden Erdölbegleitgase möglichst schnell und kostengünstig zu verwerten. Dafür werden die Gase einfach verbrannt, was sich unter anderem dramatisch auf den Klimawandel auswirkt.

Ein bekanntes Beispiel für die Zerstörung von Naturräumen durch eine rücksichtslose Erdöl-Förderung ist der Yasuni-Nationalpark in Ecuador. Der Regenwald wurde aufgrund seiner großen Artenvielfalt von der UNESCO zum Weltnaturerbe erklärt. Da in diesem Gebiet jedoch große Mengen Erdöl vermutet werden, rodete man riesige Flächen Regenwald. Durch den Abbau des Öls wird das Ökosystem ins Ungleichgewicht gebracht, sowie das Leben zahlreicher bereits bedrohter Tier- und Pflanzenarten gefährdet. Auch die hier lebenden indigenen Stämme werden unter Druck gesetzt, ihren Lebensraum zu verlassen.

Schmutzige Meere und Flüsse durch das „schwarze Gold"

Kommt es auf einer Bohrinsel zu einer Explosion, hat dies fatale ökologische Folgen.

Ein weiteres verheerendes Problem des Erdöls ist die Verschmutzung unserer Flüsse und Meere. Pro Jahr gelangen im Durchschnitt 100.000 Tonnen Öl ins Meer. Dies passiert einerseits durch bereits verseuchte Flüsse, durch welche das Erdöl in den Ozean gelangt.

Eine weitere Ursache sind Unfälle von Öltankern. Da Erdöl weltweit importiert und exportiert wird, wird es mittels riesiger Tanker über die Weltmeere transportiert. Durch Lecks oder Unfälle gelangen dabei regelmäßig große Mengen an Öl in die Ozeane. Im Jahr 2011 beispielsweise flossen durch einen Unfall auf der Verladestation circa 5000 Tonnen Rohöl an der Küste vor Nigeria in den Golf von Guinea.

Auch Defekte direkt an einer Bohrplattform haben ökologische Folgen. Im Jahr 2010 stand zum Beispiel die Plattform *„Deepwater Horizon"* im Golf von Mexico in Flammen. Durch den Unfall gelangten über mehrere Monate insgesamt 500.000 Tonnen Erdöl ins Meer. Dies führte zu einer Ölpest mit katastrophalen Folgen für Natur, Tiere und den Menschen.

Die Ölmassen zerstören im Meer ganze Ökosysteme, insbesondere Korallenriffe. Tiere, wie Vögel, Fische und Meeressäuger haben schon bei einer einmaligen Berührung mit der zähen Substanz in der Regel keine Überlebenschance mehr.

Auch Erdöl ist endlich!

Die Quelle des flüssigen Goldes währt nicht ewig. In den letzten 100 Jahren haben wir bereits einen großen Teil des weltweit vorhandenen Erdöls verbraucht. Bis sich wieder neues Erdöl gebildet hat, müssen Millionen von Jahren vergehen. Daher ist auch dies ein Grund, warum wir uns schnellstens Gedanken um Alternativen machen sollten.

Wie du Erdöl im Alltag vermeiden kannst!

Plastik verschmutzt nicht nur als Müll unsere Umwelt. Bereits die Herstellung aus Erdöl ist extrem umweltschädlich.

Bereits mit kleinen Handgriffen und Veränderungen kannst du deinen persönlichen Erdöl-Verbrauch im Alltag senken und damit dein Leben nicht nur nachhaltiger, sondern auch gesünder und in vielen Fällen sogar preisgünstiger gestalten.

Um deinen Benzin- und Dieselverbrauch zu minimieren, kannst du auf öffentliche Verkehrsmittel oder Fahrgemeinschaften zurückgreifen. Kurze Strecken kannst du mit dem Fahrrad oder zu Fuß zurücklegen. Lässt sich die Fahrt mit dem eigenen Auto nicht vermeiden, ist es empfehlenswert, auf eine angemessene, konstante Geschwindigkeit und den richtigen Reifendruck zu achten, um Kraftstoff einzusparen.

Auch beim Heizen kannst du leicht etwas Erdöl einsparen: Schon wenn du die Raumtemperatur um nur einen Grad senkst, wird sich dein jährlicher Verbrauch stark reduzieren.

Vermeide Plastik! Besonders beim Verpackungsmüll kommen viele Plastikprodukte zusammen, die wir oft gar nicht brauchen. Versuch deshalb, möglichst verpackungsfrei einzukaufen. Mehr dazu: 7 einfache Schritte zu weniger Plastikmüll.

Verwende kosmetische Produkte ohne Paraffin und „Weißöl"! in unserem Artikel zu Erdöl in Kosmetik bekommst du weitere Informationen zur Verwendung des Mineralöls in Cremes, Salben & Co. und erfährst etwas zu nachhaltigeren Alternativen (wie z.B. Gesichts- und Körperölen).

Kauf keine Kleidungsstücke, die aus Kunststoffen hergestellt sind! Bessere Alternativen sind Produkte aus Naturfasern, wie Baumwolle, Leinen, Wolle und Hanf in Bio-Qualität. Statt komplett neue Kleidung zu kaufen, lohnt es sich außerdem den Shopping-Trip auf Second-Hand-Läden oder Flohmärkte zu verlegen oder mit Freunden eine Kleidertausch-Party zu veranstalten.

Achte beim Kauf von Obst und Gemüse auf Produkte in Bio-Qualität! Bei konventionellem Anbau kommen Düngemittel und Pflanzenschutzmittel zum Einsatz, die auf Erdöl-Basis hergestellt werden.

Auch bei den langen Transportwegen von Lebensmitteln wird viel Erdöl verbraucht. Versuch deshalb, lokal und saisonal einzukaufen!

Verwende keine Kerzen aus Paraffin! In unserem Kerzen-Ratgeber erfährst du, welche nachhaltigen und ökologischen Alternativen es gibt. Du kannst auch aus alten Kerzen-Resten selbst neue Kerzen herstellen.

Kapitel Nr. 11 - Wasserknappheit.

Wasserknappheit – Ursachen, Folgen & Lösungen gegen den Wassermangel

VON CHRISTOPH SCHULZBLOG, UMWELTSCHUTZ, WISSEN2. JULI 2019

Kennst du schon das Umweltproblem der Wasserknappheit? Es gehört ohne Wenn und Aber zu den größten Umweltproblemen unserer Zeit. Da die Erde ja zu etwa 71% von Wasser bedeckt ist, könnte man meinen, es stehe eigentlich genug davon zur Verfügung. Doch leider ist nur ein Bruchteil davon überhaupt trinkbar. Und der ist bereits heute in vielen Regionen der Erde knapp, sodass Umwelt und Gesellschaft spürbare Veränderungen erfahren.

In diesem Artikel möchte ich dir das Problem der Wasserknappheit bzw. des Wassermangels genau und erklären und zeigen, weshalb auch wir Deutschen eine Mitschuld daran tragen und wie wir im Alltag etwas dagegen tun können.

Was bedeutet Wasserknappheit?

Der Begriff des Wasserknappheit meint einen akuten Wassermangel an trinkbarem Süßwasser in bestimmten Regionen der Erde, der sowohl durch einen hohen Verbrauch, die natürliche Verdunstung als auch durch Verschmutzung entstanden ist. Als Synonym für die Wasserknappheit werden auch häufig Wassermangel, Wasserkrise oder Wassernotstand genannt.

Da die folgenden Begriffe im direkten Bezug zur Wasserknappheit stehen, möchte ich sie dir ebenfalls noch zu Beginn dieses Artikels erklären:

Direkter Wasserverbrauch: Der Wasserverbrauch, der direkt durch dein Verhalten im Alltag entsteht. Zum Beispiel beim Duschen, Zähneputzen oder bei der Benutzung der Toilettenspülung.

Indirekter Wasserverbrauch: Die Wassermenge, die für die Herstellung deiner Konsumgüter verbraucht wird. Zum Beispiel für Kleidung oder Lebensmittel.

Virtuelles Wasser: Bei der Herstellung von Produkten verbrauchtes, verdunstetes oder verschmutztes Wasser.

Beispiele für Wasserknappheit

Das Beste, wenn auch schockierendste Beispiel für die Entstehung sowie die Folgen der Wasserknappheit stellt sicherlich der Aralsee in Zentralasien dar. Ein Satellitenbild der Nase zeigt das gesamte Ausmaß menschlichen Handelns anhand zweier Bilder, die 14 Jahre auseinander lagen. Das östliche Becken ist heute vollständig ausgetrocknet. Bereits in den 50er und 60er Jahren wurde das Wasser der Zuströme für die Landwirtschaft genutzt, ehe diese in den 80ern versiegten. Das Ökosystem des Aralsees veränderte sich, Fische verschwanden – und mit ihnen auch die Fischereiwirtschaft.

In Deutschland trifft die Wasserknappheit zum Beispiel einige Städte in Ostwestfalen – insgesamt seien allein dort etwa 120.000 Menschen vom Wassermangel betroffen.

Ein weiteres europäisches Beispiel für die Wasserknappheit stellt die französische Gemeinde Vittel dar, wo der Grundwasserspiegel jedes Jahr drastisch absinkt. Grund dafür ist die Privatisierung der Wasserquellen durch den Konzern Nestlé, der nicht nur deshalb in der weltweiten Kritik steht. Jährlich werden in Vittel etwa 750 Millionen Liter Wasser abgepumpt, um es teuer in die ganze Welt zu verkaufen.

Zahlen, Fakten & Statistiken zum Wassermangel

Um die wahren Ausmaße der Wasserknappheit verstehen zu können, habe ich dir im Folgenden einige der wichtigsten Daten rund um das Umweltproblem gesammelt:

Pro Jahr verbraucht jeder Mensch durchschnittlich etwa 1 Mio. Liter Wasser.

97,5% sind salziges Meerwasser und für uns Menschen nicht trinkbar. Deshalb denken viele Menschen, dass es so etwas wie Wassermangel nicht existiert.

Nur 2,5% sind trinkbares Süßwasser. Leider sind davon sind nur etwa 0,3% durch Flüsse, Bäche und Seen direkt zugänglich für uns. 68,9% Prozent trinkbaren Wassers sind vereist, 30,8% sind im Grundwasser und etwa 0,01% zirkuliert in Wolken, Regen, Schnee und Hagel.

2,1 Milliarden Menschen haben weltweit keinen Zugang zu sauberem Trinkwasser.

Rund 884 Millionen Menschen haben keine Grundversorgung mit Wasser.

In Deutschland werden pro Kopf durchschnittlich 120 Liter Wasser direkt und etwa 5200 Liter indirekt verbraucht.

Mit 22,9 Tausend km^3 verfügt Schweden über die größten Pro-Kopf-Süßwasserressourcen in Europa.

Weltweit werden jährlich etwa 4.000 km^3 Frischwasser entnommen, wovon 70% auf den Agrarsektor, 20% auf die Industrie und 10% auf die kommunale Ebene zurückzuführen sind.

Wir Deutschen verbrauchen täglich etwa 4000 Liter „virtuelles Wasser" pro Kopf.

Mehr als 70% des deutschen Trinkwassers werden aus dem Grundwasser gewonnen.

Ursache für die Wasserknappheit

Vor allem die rasant steigende Anzahl der Weltbevölkerung und der zunehmende Konsum sorgen für den Wassermangel.

Neben natürlichen Gegebenheiten wie der Verdunstung von Wasser hat die Knappheit des verfügbaren Trinkwassers auf der Erde vor allem menschengemachte Ursachen. Was dafür sorgt, dass so viele Menschen im wahrsten Sinne auf dem Trockenen sitzen, möchte ich dir hier kurz erklären.

Wachsende Weltbevölkerung

Während 1980 noch etwa 4,45 Milliarden Menschen auf der Erde lebten, werden es im Jahr 2023 voraussichtlich schon 8 Milliarden sein.

Dadurch erhöht sich selbstverständlich auch der Bedarf an sauberem Trinkwasser und Nahrungsmitteln, die bewässert werden müssen. Gleichzeitig gelangen durch den ebenfalls zunehmenden Konsum aber auch mehr Giftstoffe in die Flüsse und das Grundwasser.

Mehr darüber erfährst du im Artikel Überbevölkerung – Alles über das globale Bevölkerungswachstum.

Zunehmender Konsum

Das Konsumverhalten jedes einzelnen Menschen ist neben dem Klimawandel und dem rasanten Wachstum der Weltbevölkerung die Hauptursache der globalen Wasserknappheit. Auch wenn wir uns bei der Ursachenforschung häufig auf den direkten Wasserverbrauch konzentrieren, ist es vor allem der indirekte Wasserverbrauch durch den Konsum industrieller und landwirtschaftlicher Produkte, die für das Umweltproblem des Wassermangels sorgen.

Zum Beispiel muss Tierfutter im Anbau bewässert werden und Kühe müssen Wasser trinken. Auf diese Weise sind für die Herstellung eines Kilogramms Rindfleisch etwa 15.500 Liter Wasser notwendig. Auch wenn das auf den ersten Blick kaum ersichtlich ist, hat jedes Produkt also indirekt nochmal einen weitaus höheren Wasserverbrauch.

Klimawandel als Grund für den Wassermangel

Im Jahr 2016 war die durchschnittliche, globale Lufttemperatur bereits um 0,94°C höher als in der Mitte des 20. Jahrhunderts. Die globale Erwärmung schreitet mit großen Schritten voran und sorgt in Kombination mit dem hohen Wasserbedarf der wachsenden Weltbevölkerung für Trockenheit und schlussendlich für die globale Wasserknappheit.

Folgen des Wassermangels - Ursache für die Wasserknappheit

In vielen Teilen der Erde sorgt die Wasserknappheit für verheerende Probleme.

Inwiefern wirkt sich das knappe Wasser auf das Zusammenleben der Menschen und auf die Umwelt aus? Die folgenden ökologischen und gesellschaftlichen Auswirkungen sollten für jeden Einzelnen von uns genügend Motivation sein, um etwas gegen die globale Wasserknappheit zu unternehmen. Vor allem vor dem Hintergrund, dass ohne Wasser kein Leben auf dieser Erde möglich ist.

Auswirkungen auf die Umwelt

Wenn wir Wasser verbrauchen und vergiften und zudem mehr Wasser verdunstet, bleibt das nicht ohne Folgen. Welche ökologischen Auswirkungen der Wassermangel hat, erfährst du jetzt in den folgenden Punkten.

Flüsse & Seen trocknen aus

In Deutschland ist der Fluss „Schwarze Elster" im Süden an der Brandenburger Landesgrenze zu Sachsen aufgrund zu langer Dürren bereits ausgetrocknet. Internationales Beispiel ist, wie bereits beschrieben, der Aralsee. Die globale Erwärmung und die übermäßige Nutzung für zur Bewässerung der Landwirtschaft haben den östlichen Teil des Sees vollständig ausgetrocknet.

Grundwasserspiegel sinkt bedrohlich

Auch in Deutschland resultiert die Wasserknappheit als Folge des zunehmenden Bewässerungsbedarfs natürlich im Absinken des Grundwasserspiegels. Zudem kommen wirtschaftliche Interessen, wie das Abpumpen privatisierter Wasserquellen durch Konzerne wie Nestlé. Hier verweise ich wieder auf das Beispiel der französischen Gemeinde Vittel, in der es zu einem extremen Fall von Wassermangel gekommen ist.

Das Absinken des Grundwasserspiegels hat dann auch Auswirkungen auf den Wasserstand von Flüssen wie der Elbe, woraus wiederum das Umweltproblem des Artensterbens resultiert.

Extreme Dürren nehmen zu

Durch die Kombination aus Klimawandel und Wasserknappheit nehmen natürlich auch Anzahl und Ausmaß von Dürrekatastrophen zu. Sowohl in Deutschland bzw. in Europa, aber besonders im Osten Australiens und in vielen afrikanischen Ländern südlich der Sahara sind Dürren heute dauerhaft an der Tagesordnung. Grund dafür sind neben den schwindenden Süßwasserreserven auch die ausbleibenden Niederschläge.

Arten sterben aus

Wasser ist auch die Quelle des Lebens für Tiere und Pflanzen. Zunehmende Dürren und ausgetrocknete Gewässer kosten schlussendlich Millionen von Tieren und Pflanzen das Leben. Am Beispiel des Aralsees kann man sehr gut nachvollziehen, wie die Wasserknappheit ganze Ökosysteme auslöschen kann. Zunächst sanken die Fischpopulationen, bis sie, zumindest im östlichen Becken des Sees schließlich gänzlich ausgestorben waren.

Auswirkungen auf Gesellschaft & Wirtschaft

Die Gesetze der Natur stehen über allem. Und wenn der globale Wassermangel ökologische Folgen mit sich bringt, dann wirkt sich das selbstverständlich auch auf das Zusammenleben von uns Menschen aus. Folgend einige der meistdiskutierten Auswirkungen der Wasserknappheit.

Bewaffnete Konflikte um Trinkwasser

Ein gutes Beispiel dafür ist der Bau eines Staudammes im Nordwesten Äthiopiens. Dort sorgt die Umsiedelung von Menschen, die Zerstörung der Natur und vor allem die Aufteilung des Wassers mit Ägypten für heftige, gesellschaftliche Konflikte.

Kann die globale Wasserknappheit zukünftig nicht eingedämmt werden, wird es sowohl zwischen als auch innerhalb von Staaten zu noch schwerwiegenderen Konflikten und Wasserkriegen kommen.

Engpässe aufgrund von Ernteausfällen

Da die meisten Pflanzen bzw. Felder laufend bewässert werden müssen, gehören selbstverständlich auch existenzbedrohende Ernteausfälle bei einem Wassermangel zu den zu erwartenden Folgen.

Beispiel: Die Ernte des Weingutes „Vergenoegd" in Südafrika ist aufgrund der Wasserknappheit innerhalb eines Jahres um 1/5 gesunken. Berühmte Weine können dann nicht mehr in den Mengen ausgeliefert werden. Das ist ein klassisches Beispiel für die wirtschaftlichen Auswirkungen der Wasserkrise, da es Unternehmer ruinieren und Kunden verärgern kann.

Menschen verhungern

Wenn kein sauberes Wasser zur Verfügung steht, können dementsprechend auch keine Pflanzen bewässert und keine Tiere mit Trinkwasser versorgt werden. Eine Folge dessen ist also auch der Welthunger.

Verseuchtes Trinkwasser & Krankheiten

Da auch viele Menschen privat und beruflich illegal Abfälle und Giftstoffe in Flüssen und Seen entsorgen, schrumpft die Menge an trinkbarem Wasser.

Laut Unicef nutzen etwa 4,5 Milliarden Menschen keine sicheren Sanitäranlagen. Krankheiten können sich schneller verbreiten und besonders kleine Kinder gefährden, deren Immunsystem noch nicht ausgeprägt ist. Besonders schnell können sich Krankheiten z.B. durch Überflutungen oder fehlendes, sauberes Trinkwasser in Krankenhäusern verbreiten.

Wassermangel verhindert Schulbildung

Da vor allem Kinder in Afrika täglich immer längere Wege zur nächsten Wasserquelle auf sich nehmen müssen, können sie auch immer weniger in die Schule gehen. Zudem haben weltweit nur etwa 69% aller Schulen grundlegenden Zugang zu Trinkwasser.

Lösungen – Was tun gegen Wasserknappheit?

Regional und saisonal einzukaufen oder den eigenen Fleischkonsum zu reduzieren ist eine große Hilfe gegen die Wasserknappheit auf der Erde.

Um dem zunehmenden Wassermangel effektiv entgegenzuwirken, müssen Konsumenten, Wirtschaft und Politik an einem Strang ziehen. Ein bewusster, nachhaltiger Lebensstil ist jedoch ein wichtiger Schritt in die richtige Richtung. Hier erkläre ich dir, was du selbst tun kannst und was von Politik & Wirtschaft erwartet wird.

Was jeder gegen Wasserknappheit tun kann

Neben dem direkten Wasserverbrauch, sorgt vor allem der indirekte Wasserverbrauch für das Umweltproblem der Wasserknappheit. Hier erhältst du einige Tipps im Kampf gegen den Wassermangel im Alltag.

Bewusst Wasser sparen

Im Haushalt bieten sich dir viele Chancen, effektiv Wasser zu sparen. Nutze beispielsweise die Folgenden Tipps:

Kurzes Duschen: Je nachdem, wie lange du duschst, können dabei schon einmal 100 Liter Wasser verbraucht werden. Mach's kurz und dusche am besten kalt – dann ist die erste Herausforderung des Tages schon gemeistert und weniger Energie verbraucht worden.

Wasserhahn zudrehen beim Zähneputzen: Holzzahnbürste anfeuchten und den Wasserhahn wieder ausdrehen. Drei Minuten Putzen und kurz ab- bzw. ausspülen. Was relativ logisch klingt, ist leider nicht die Regel. Doch damit spart man selbstverständlich eine Menge Wasser.

Regenwasser nutzen: Wenn du die Möglichkeit hast, dann fange doch etwas Regenwasser in einer Tonne auf und nutze das Wasser zum Bewässern der Pflanzen auf dem Balkon oder im Garten.

Waschmaschine voll machen: Schalte die Waschmaschine erst an, wenn sie voll ist. Damit lohnt sich der Wasser- und Energieverbrauch auch wirklich und du musst die Maschine nicht jeden Tag anschmeißen.

Leitungswasser trinken: Die Qualität des Wassers aus dem Hahn ist in Deutschland flächendeckend sehr gut. Trinke deshalb Leitungswasser statt Wasser aus Plastikflaschen. Damit stoppst du z.B. die Austrocknung von Regionen mit privatisierten Wasserquellen.

Es gibt wirklich hunderte Ansatzpunkte dafür, den direkten Wasserverbrauch im Alltag zu reduzieren. Achte einfach einmal bewusst darauf, wo du überall Wasser benötigst. Mit diesem Wasserverbrauchs-Rechner kannst du ja einfach Mal errechnen, wie viel Wasser du selbst jeden Tag direkt verbrauchst. Ich bin bei etwa 50 Litern gelandet – da ist sicher noch etwas Potential nach oben.

Bewusster konsumieren

Da unser persönlicher, täglicher Wasserverbrauch vor allem auf unser Konsumverhalten zurückzuführen ist, haben wir auch hier viele Chancen, ihn im Alltag zu reduzieren:

Regionale & saisonale Lebensmittel: Nutze unsere Tipps, um deine Lebensmittelverschwendung zu reduzieren, damit auch dein indirekter Wasserverbrauch sinkt. Kaufe bewusst regionale und saisonale Lebensmittel, da z.B. Orangen aus Spanien wieder stark bewässert werden müssen und für Wasserknappheit vor Ort sorgen.

Weniger Fleisch essen: Rinder trinken tausende Liter Wasser und auch das Futter muss bewässert werden. Inklusive der Reinigung der Ställe werden für ein Kilogramm Fleisch 15.500 Liter Wasser verbraucht.

Kleidung: Baumwolle für Kleidung wird meist dort angebaut, wo es heiß ist und kaum regnet. Die Felder werden daher mit Wasser aus Flüssen und Seen bewässert, die dadurch abtrocknen. Fast Fashion sorgt daher auch für Wasserknappheit, weshalb du vorhandene Kleidung bzw. Second Hand mehr wertschätzten solltest.

Urlaub: Noch wichtiger als in Deutschland Wasser zu sparen, nützt das Wassersparen in den Urlaubsregionen mehr, in denen die Wasserknappheit extremer ist. Bestes Beispiel ist die Wasserkrise in Kapstadt.

Wie bereits in den Statistiken erwähnt, verbraucht jeder Deutsche durchschnittlich 5200 Liter Wasser indirekt durch sein Konsumverhalten. Versuche dich also auch hier sukzessive zu verbessern und grundsätzlich etwas minimalistischer zu leben.

Aufgaben von Wirtschaft & Politik gegen den Wassermangel

Da Wasser nicht einfach von einem zum anderen Kontinent umverteilt werden können, ist vor allem eine weltweite Zusammenarbeit der Verantwortlichen aus Wirtschaft & Politik entscheidend im Kampf gegen die globale Wasserknappheit.

Förderung von Wasserprojekten (wie z.B. dem Warka-Turm, der Wasser aus Nebeltropfen, Morgentau und Regen sammelt)

Schutz von Meeren und Flüssen (z.B. vor Plastikmüll in der Umwelt)

Schärfere Kontrollen von Industrieunternehmen (bezüglich Wasserverbrauchs und Abwasserentsorgung)

Schutz von Wassereinzugsgebieten (wie z.B. vor Abholzung von Wäldern, die als Wasserspeicher dienen)

Förderung neuer Bewässerungsmethoden in der Landwirtschaft (z.B. Tröpfchenbewässerung zur Reduzierung der Verdunstung)

Die Liste der möglichen Lösungsansätze ist lang, schlussendlich müssen Politik und Wirtschaft auch neue Lebensweisen wie den veganen Lebensstil fördern. Denn aktuell leben wir auch, was das Trinkwasser betrifft, über unseren Verhältnissen.

Kurze Anekdote: Als wir in Kapstadt waren, wurden wir schon am Flughafen von Beamten dazu angehalten, während unseres Aufenthaltes massiv Wasser zu sparen. Dort hatten wir manchmal für 10 Stunden am Tag kein fließendes Wasser. In solchen Situationen merkt man dann ganz besonders, in wie vielen Situationen man wirklich Wasser benötigt.

Lässt sich das Umweltproblem der Wasserknappheit stoppen?

Ob Konsument, ob Politik, ob Wirtschaft – Jeder muss seinen Teil um Kampf gegen die weltweite Wasserknappheit leisten.

Je dringlicher das Problem, desto schneller kommt man auf kreative Lösungen an, um das Problem der Wasserknappheit zu stoppen. Den größten Effekt können wir Konsumenten in Kombination mit Wirtschaft und Politik aber sicherlich durch die Förderung einer bewusst nachhaltigen Lebensweise erzielen. Die ist notwendig, weil uns sonst noch schlimmere Folgen drohen, als wir sie bereits heute zu spüren bekommen.

„Die Kriege der Zukunft werden um Wasser geführt."

Boutros Boutros-Ghali, ehem. UNO Generalsekretär

Kapitel Nr. 12 - Luftverschmutzung.

Nicht einmal jeder sechste Deutsche weiß, dass Luftverschmutzung sich negativ auf die Hirngesundheit auswirken kann

• Viele Deutsche kennen die gesundheitlichen Auswirkungen von Klimawandel und Luftverschmutzung nicht, wie eine aktuelle Forsa-Umfrage zeigt

• Junge Menschen sind über potenzielle Gesundheitsfolgen etwas besser informiert als ältere – präventive Maßnahmen werden aber kaum getroffen

• Biogen arbeitet weltweit mit führenden Organisationen zusammen, um die negativen Folgen für die Gesundheit und die Umwelt zu verringern und startet eine Klimainitiative

München, 01. Dezember 2020 – Luftverschmutzung, die unter anderem durch Emissionen aus fossilen Brennstoffen verursacht wird, wirkt sich nicht nur negativ auf das Klima, sondern auch auf die menschliche Gesundheit aus. Dabei ist nur sehr wenigen Bundesbürgern bekannt, dass die zunehmende Verschmutzung der Luft potenziell auch das Risiko erhöhen kann, an Demenz zu erkranken. Lediglich 16 Prozent der Deutschen bringen schwerwiegende Erkrankungen des Gehirns, wie zum Beispiel Alzheimer, mit Umweltverschmutzung in Verbindung. Dagegen vermuten knapp doppelt so viele (31 Prozent) einen Zusammenhang zu chronischen Magen-Darm-Erkrankungen, während meisten Deutschen einen Zusammenhang zwischen Luftverschmutzung und chronischen Atemwegserkrankungen sehen (89 Prozent). Das zeigt eine aktuelle repräsentative Befragung, die das Forsa-Institut für Biogen durchgeführt hat.

Mehr als die Hälfte der Deutschen ist besorgt, mit zunehmendem Alter an Alzheimer zu erkranken – Prävention kommt zu kurz In Deutschland besteht derzeit noch Aufklärungsbedarf bei den verschiedenen möglichen Ursachen für Demenzerkrankungen und proaktiven vorbeugenden Maßnahmen zur Förderung der Gehirngesundheit. Dabei wird das Risiko durch verschmutzte Luft für die Gehirngesundheit am stärksten in der jüngsten Altersgruppe der 18- bis 29-Jährigen wahrgenommen (29 Prozent), während in der ältesten Altersgruppe der Befragten von über 60-Jährigen knapp 90 Prozent keinen Zusammenhang zwischen Luftverschmutzung und der geistigen Leistungsfähigkeit sehen.

Jeder zweite Deutsche ab 18 Jahren hat Sorge, mit fortschreitendem Alter an Alzheimer oder einer anderen Form von Demenz zu erkranken (52 Prozent). Allerdings unternimmt nur ein gutes Drittel aller Befragten etwas, um die geistige Fitness gezielt zu trainieren (38 Prozent). Das bedeutet gleichzeitig, dass rund 62 Prozent der Deutschen keine proaktiven Maßnahmen ergreifen, um ihre Gehirngesundheit zur fördern und so beispielsweise Alzheimer-bedingter Demenz vorzubeugen – wie etwa durch regelmäßiges Gehirntraining oder medizinische Vorsorgeuntersuchungen. Insbesondere die jüngste Altersgruppe, also die 18- bis 29-Jährigen, ist besorgt: Knapp zwei Drittel von ihnen befürchten, im Alter an Alzheimer-Demenz oder einer anderen Form von Demenz zu erkranken (63 Prozent). Dennoch unternimmt mit 26 Prozent nicht mal ein Drittel von ihnen etwas, um etwa durch Gehirntraining aktiv die Gehirngesundheit zu stärken.

„Gerade bei Alzheimer spielt das Thema Prävention eine große Rolle. Durch konstantes Training des Gehirns können wir die Bildung neuer Synapsen unterstützen und so seine Leistungsfähigkeit erhalten. Am besten ist, dem Kopf laufend neue Eindrücke zu bieten und ihn ständig zu fordern. Kontinuierliches Trainieren des Gehirns fördert die Bildung von Verbindungen zwischen Nervenzellen (Synapsen). Neugierig bleiben, Neues entdecken und den Alltag aktiv gestalten, kann dabei helfen, sein Gehirn auf Trab zu halten", sagt Prof. Dr. Andreas Schmitt, *Medical Director* Biogen Deutschland. Dabei dürfen auch die möglichen Folgen durch Umweltbelastungen nicht außer Acht gelassen werden.

Lediglich 16 Prozent der Deutschen bringen schwerwiegende Erkrankungen des Gehirns, wie zum Beispiel Alzheimer, mit Umweltverschmutzung in Verbindung.

Wissenschaftliche Erkenntnisse belegen Zusammenhang von Umweltbelastungen und Krankheiten.

Insgesamt sterben jährlich fast neun Millionen Menschen weltweit an gesundheitlichen Problemen, die in Verbindung mit Luftverschmutzung stehen. Unzählige weitere Menschen tragen gesundheitliche Schäden davon. Das macht die

Luftverschmutzung zu einem der größten Risikofaktoren für die menschliche Gesundheit weltweit. Die Forschung zeigt, dass Emissionen aus fossilen Brennstoffen unmittelbar an der Verschlechterung zahlreicher Krankheiten beteiligt sind. Forschungsergebnisse legen nahe, dass bis zu 21 Prozent des beschleunigten kognitiven Verfalls und der Demenz auf die Belastung durch Luftverschmutzung zurückzuführen sind. Biogen möchte aktiv zur Erforschung dieser Zusammenhänge beitragen.

Biogen investiert in langfristige Initiative zur Verbesserung des Klimas und der Gesundheit der Menschen weltweit „Unsere Initiative *Healthy Climate, Healthy Lives*™ entspricht Biogens langfristiger Strategie, dem Klimawandel zu begegnen, indem wir die miteinander verbundenen Herausforderungen von Klima und Gesundheit – einschließlich der Gehirngesundheit – angehen", sagt Michel Vounatsos, CEO von Biogen. „Biogen war das erste CO_2-neutrale Unternehmen im Bereich der Biowissenschaften. Aber es ist unseres Erachtens an der Zeit, noch größere Anstrengungen zu unternehmen. Wir werden ein klar definiertes Programm umsetzen, das untersucht, wie wir leben, wie wir unternehmerisch handeln und wie wir Energieträger optimal nutzen können. Damit leistet Biogen seinen Beitrag dazu die weltweiten dramatischen gesundheitlichen Ungleichheiten anzugehen und eine nachhaltige und bessere Zukunft für die Menschheit mitzugestalten."

Die Initiative *Healthy Climate, Healthy Lives*™ mit einem Volumen von 250 Millionen US-Dollar und einer Laufzeit von 20 Jahren hat zum Ziel, den Einsatz fossiler Brennstoffe in allen Geschäftsbereichen des Unternehmens zu stoppen. Zudem möchte Biogen im Rahmen der Initiative gemeinsam mit renommierten Institutionen einen entscheidenden Beitrag zur Verbesserung der weltweiten Gesundheitssituation leisten.

Kapitel Nr. 13 - Bodenerosion.

Bodenerosion – Alles über den globalen Bodenabtrag

VON CHRISTOPH SCHULZBLOG, WISSEN14. AUGUST 2019

Was versteht man eigentlich unter Bodenerosion? Diese Frage stellen sich heutzutage nicht nur Landwirte. Denn durch unterschiedlichste Ursachen kommt es auf den Feldern zum Abtrag fruchtbaren Bodens, sodass es vermehrt zu Ernteausfällen kommt und unsere Ernährungssicherheit bedroht. Das Problem greifbar beschrieben: geht die fruchtbare, oberste Schicht einmal verloren, kommt sie nicht mehr zurück. Dabei ist ein gesunder Boden die Lebensgrundlage für Pflanzen, Tiere und auch uns Menschen. Die sogenannte Bodenerosion gehört deshalb zu den größten Umweltproblemen unserer Zeit.

In diesem Artikel möchte ich dir alles Wissenswerte dazu an die Hand geben. Von der Definition über Statistiken, Ursachen und Folgen, bis hin zu sinnvollen Lösungen – sowohl für deinen Alltag als auch für Landwirte und Politik.

Grundsätzlich ist damit der Abtrag von Bodenbestandteilen durch abfließendes Wasser, Wind, Schneeschmelze und Bodenverlagerungen gemeint, wobei der größte Anteil der globalen Bodenerosion auf den Menschen zurückzuführen ist.

Der Begriff der Erosion ist davon insofern abzugrenzen, dass damit grundsätzlich nur die natürliche, also nicht menschengemachte Abtragung der Gesteine an der Erdoberfläche bezeichnet wird.

Der Begriff der Bodendegradierung ist eine Folge der Bodenerosion und meint den dauerhaften Verlust bzw. die permanente Veränderung der Bodenstruktur.

Bodenerosion durch Wind

Die sogenannte Winderosion beschreibt die Verlagerung von Bodenmaterial der Bodenoberfläche durch den Wind, die bei Windgeschwindigkeiten von mehr als 5-6 m/s auftritt. Größere Bodenpartikel werden dabei tendenziell nur über kurze Strecken befördert, während kleine Teilchen deutlich weitergetragen werden können.

Sehr anfällig für die Winderosion sind windoffene, trockene und sehr ebene Flächen mit hohem Feinstsandanteil.

Bodenerosion durch Wasser

Regentropfen reißen kleine Bodenpartikel aus der Erde und verstopfen damit die Hohlräume im Boden, sodass dieser verschlammt. Das Wasser kann dann zwangsläufig nur noch an der Oberfläche abfließen und reißt fruchtbaren Ackerboden mit. Auf dem Acker bilden sich darauffolgenden diese linienhaften Erosionsformen in der genannten Reihenfolge Rillen: Zunächst läuft das Wasser in etwa zwei bis zehn Zentimeter großen Rillen ab.

Rinnen: Daraufhin bilden sich etwa 10 – 40 Zentimeter große Rinnen.

Gräben: Hält die Ursache der Wassererosion an, können sogar ganze Gräben entstehen, die mehr als 40 Zentimeter messen.

Besonders in Hanglagen kann die Wassererosion extreme Ausmaße annehmen. Zudem kann es auch zur sogenannten flächenhaften Erosion durch aufprallende Regentropfen kommen, die ebenfalls Partikel aus dem Boden lösen kann.

Zahlen, Fakten & Statistiken

Da das Umweltproblem der Bodenerosion sehr schwer greifbar bzw. auf den ersten Blick schwer sichtbar ist, möchte ich dir einige Statistiken dazu an die Hand geben:

Ein Viertel aller landwirtschaftlichen Flächen in Deutschland ist stark durch Erosion gefährdet.

Auf stark gefährdeten Flächen betrug der jährliche, durchschnittliche Bodenverlust durch Wassererosion über fünf Tonnen pro Hektar. Laut Umweltbundesamt ist das ein Bodenverlust von mehr als 0,5 Millimeter pro Jahr.

24 Milliarden Tonnen fruchtbarer Boden sind allein im Jahr 2011 verloren gegangen.

Die Erosion kostet jeden Menschen 60 Euro pro Jahr. Insgesamt sind das etwa 420 Milliarden Euro weltweit.

Im Jahr 2050 wird pro Erdbewohner nur noch ein Viertel des Ackerlandes zur Verfügung stehen, dass im Jahr 1960 nutzbar war.

Weltweit sind vor allem die 2,5 Milliarden Menschen, die in Trockengebieten leben – das sind rund 40% der Landoberfläche. 70% davon drohen sich in Wüste zu verwandeln.

Ursachen der Bodenerosion

Ursachen des Umweltproblems der Bodenerosion

Doch wodurch verlieren wir jedes Jahr eigentlich mehrere Milliarden Tonnen fruchtbaren Bodens? Die Antwort auf diese Frage ist vielschichtig wie der Boden selbst. Dennoch gibt es einige grundlegende Ursachen, die ich dir im Folgenden kurz erklären möchte.

Monokulturelle Landwirtschaft

Aus Sicht der Landwirte bringt es natürlich einige Vorteile mit sich, wenn auf dem eigenen Ackerland über Jahre die gleiche Pflanzenart wächst – es reicht zum Beispiel das Spezialwissen auf dem einen Gebiet aus. Und es besteht nicht der Druck, viele unterschiedliche Maschinen für die entsprechende Pflanzenart finanzieren zu müssen.

Um langfristig hohe Erträge auf der Basis eines gesunden Bodens zu garantieren, ist die industrielle, monokulturelle Landwirtschaft jedoch keine gute Idee. Denn wohl-überlegte Fruchtfolgen sind die Basis, um der Bodenerosion und Nährstoffverlusten der Böden entgegenzuwirken. Wer schneller produzieren muss, setzt zudem vermehrt künstliche Dünge- und Pflanzenschutzmittel ein, die unsere Böden und auch das Grundwasser vergiften und überbeanspruchen.

Auch die Überweidung spielt für die Bodenerosion eine große Rolle. Davon spricht man zum Beispiel, wenn eine Wiese stärker beansprucht, als sie sich erholen kann. Je größer die Herden auf den Wiesen werden, desto größer ist dann schlussendlich auch die Belastung des Bodens durch Verbiss oder Vertritt.

Andere Umweltprobleme

Die Bodenerosion ist auch eine Folge anderer ökologischer Probleme unserer Zeit, die wir Menschen selbst geschaffen haben.

Die Abholzung von Wäldern hat zum Beispiel einen ganz entscheidenden Anteil am Verlust fruchtbarer Böden. Zum einen, weil die schützenden Kronendächer fehlen, sodass Regenfälle die nährstoffreiche Humusschicht leichter wegspülen können. Zum anderen, weil die massiven Bäume nicht mehr vor Winderosion schützen können. Auch im Boden selbst haben die Wurzeln der Bäume wichtige Aufgaben und halten das Erdreich zusammen. Aber auch die Form der Abholzung ist entscheidend. Moderne Methoden graben leider den gesamten Boden um, während man zum Beispiel mit Rückepferden den Boden möglichst unberührt hinterlassen kann.

Eine entscheidende Ursache der globalen Bodendegradation ist aber vor allem der Klimawandel. Stürme, Überschwemmungen und Dürren nahmen in den letzten Jahrzehnten vermehrt zu. Die Bodenerosion durch Wind und Wasser nimmt dadurch zu – und die Trockenheit sorgt zudem für einen erhöhten Wasserverbrauch, der die globale Wasserknappheit verschärft.

Konsum industrieller Massenware

Wenn Lebensmittel, Kleidung oder andere Güter immer schneller produziert werden müssen und zudem zu erschwinglichen Preisen erhältlich sein sollen, bleiben unsere Böden natürlich nicht unversehrt. Zum Beispiel, weil in ihnen wertvolle Rohstoffe schlummern, die zum Beispiel die seltenen Erden, die zur Produktion von Smartphones benötigt werden. Besonders der Pestizid-Einsatz zur schnelleren Produktion von Lebensmitteln oder der Abfluss von Chemikalien aus der Kleiderherstellung vergiften Gewässer und Böden.

Bodenversiegelung

Je mehr Boden wir für unsere Städte und Straßen versiegeln, desto mehr fruchtbare Fläche verlieren wir dauerhaft. Denn die Bodenversiegelung führt in der Regel zu einem Totalverlust der Bodenfunktionen, der permanent ist oder nur durch extrem hohen Aufwand reversibel ist.

Folgen des Umweltproblems der Bodenerosion

Die grundsätzliche Folge der Bodenerosion ist der Verlust fruchtbaren Bodens – doch die Auswirkungen sind so vielseitig, dass es unmöglich ist alle davon zu nennen. Dennoch möchte ich dir einige entscheidende Folgen aufzeigen, um zu verdeutlichen, wie ernst die Lage bei diesem leider wenig diskutierten Umweltproblem tatsächlich ist.

Klimawandel

Unsere Böden bauen organische Substanzen auf oder zersetzen sie. Sie speichern das CO_2, das wir durch unsere Lebensweise in die Atmosphäre blasen. Auch die Bäume im Boden wachsen, sind echte Kohlenstoffspeicher – dennoch holzen wir sie ab, setzen das CO_2 frei und nehmen den Böden den wichtigsten Schutz vor der Erosion. Ein gesunder Boden ist eine echte Waffe im Kampf gegen den Klimawandel.

Ernteverluste

Der Verlust fruchtbaren Bodens zu extremen Ernteverlusten führt. Wenn Ackerland so sehr übernutzt wird, dass dort keine Pflanzen mehr wachsen können, ist das wenig überraschend. Die Fruchtbarkeit nimmt ab und die Versalzung des Bodens nimmt zu. Dadurch nimmt natürlich auch der Nutzen eines Ackerlandes ab – vor allem im Vergleich zum Nutzen, den es bei einer nachhaltigen, ökologischen Bewirtschaftung erbringen könnte.

Hangrutsche

Als Ranker und Regosol werden geringmächtige Böden bezeichnet, die vor allem in Hoch- und Mittelgebirgen vorkommen. Diese dünnere, oberste Bodenschicht rutscht durch Wind oder Wasser leichter ab. In Kombination mit den unterschiedlichen Ursachen der Bodenerosion kommt es deshalb immer häufiger zu teils lebensgefährlichen Hangrutschen.

Zunehmende Zahl hungernder Menschen

Der Welthunger ist eines der größten gesellschaftlichen Probleme unserer Zeit – und wird durch die globale Bodenerosion zunehmend verschärft. Auf der einen Seite verlieren Landwirte große Teile ihres Einkommens und können ihre Familie nicht mehr ernähren. Auf der anderen Seite fehlt es an Nahrungsmitteln, sodass mehr Menschen hungern müssen. Es wird geschätzt, dass jedes Jahr etwa 33,7 Millionen Tonnen Lebensmittel durch den Verlust fruchtbaren Bodens verloren gehen. Der Mangel an Nahrung ist zudem einer der Hauptgründe für Hunger, Armut und Flucht – ein gesunder Boden bringt also deutlich mehr Verbesserungspotential mit sich, als man zunächst annehmen mag.

Bodenerosion - Was tun gegen den Bodenabtrag?

Da das Umweltproblem der Bodenerosion viele unterschiedliche Ursachen hat, kann es auch nur mit unterschiedlichen Ansätzen gelöst werden. Hier können Landwirtschaft, Konsumenten sowie Wirtschaft und Politik nur gemeinsam eine langfristige Lösung bewirken.

Was Landwirte tun können

Wer selbst Landwirtschaft betreibt, hat besonders viele Möglichkeiten, um die Bodenerosion einzugrenzen, um damit gleichzeitig auch die eigenen Erträge deutlich zu erhöhen. Hier einige Beispiele:

Boden effektiv bedecken (z.B. Untersaaten und Zwischenfrüchte – oder Ernterückstände auf dem Feld lassen)

Boden schonen & erhalten (z.B. nicht pflügen, Pflanzen mit verzweigten Wurzeln)

Windschutz durch Bäume, Hecken & Erdwälle erhalten oder aufbauen

Abwechslungsreiche Fruchtfolge

Höhenparalleles Pflügen des Ackers (das Regenwasser kann dann nur schwer den Hang hinab laufen und Bodenteilchen mitreißen)

Breite Bereifung der landwirtschaftlichen Maschinen

Wichtig ist es grundsätzlich, den Druck auf den Boden zu verringern und damit auch seine Verdichtung zu erhöhen.

Was Konsumenten tun können

Um die Bodenerosion an der Wurzel zu packen und der industriellen Landwirtschaft, der Abholzung der Wälder und vor allem dem Klimawandel entgegenzuwirken, gibt es in deinem

Alltag viele unterschiedliche Ansätze. Hier einige Ideen, mit denen du vom Teil des Problems zu seiner Lösung wirst:

Bio, saisonal & regional einkaufen: Lebensmittel aus ökologischer Landwirtschaft werden bodenfreundlich erzeugt – also ohne Einsatz von giftigen Chemikalien und mit durchdachten, bodenschützenden Konzepten. Indem du auf natürliche Lebensmittel zählst und regional einkaufst, verringerst du die monokulturelle, industrielle Landwirtschaft, die unseren Böden die Gesundheit raubt.

Auf Fleisch verzichten: Indem du deinen Fleischkonsum reduzierst oder einstellst, stoppst du die Abholzung von Wäldern zur Gewinnung neuer Acker- und Weidefläche und legst damit die Grundlage für die Erhaltung der Böden. Es muss weniger Tierfutter produziert werden, sodass du selbst mehr von den pflanzlichen Lebensmitteln genießen kannst. Mehr darüber erfährst du zum Beispiel im Artikel über den Zusammenhang zwischen Ernährung und Umwelt.

Solidarische Landwirtschaft: Bei der sogenannten SoLaWi unterstützt du einen ökologischen Landwirt finanziell dabei, seine Lebensmittel nachhaltig produzieren zu können. Als Gegenleistung erhältst du dafür eben diese Lebensmittel.

Grundsätzlich kannst du zur Lösung aller ökologischen und gesellschaftlichen Probleme unserer Zeit beitragen, indem du einen Alltag umweltbewusster gestaltest. Schaue doch dazu gerne in den Artikel mit den besten Tipps für ein nachhaltiges Leben hinein.

Was die Politik tun muss

Neben Landwirten und Konsumenten ist es vor allem die Aufgabe von Politik und Wirtschaft, den Verlust des Bodens zu bekämpfen. Folgende, politische Maßnahmen können zur Lösung des Problems beitragen:

Effektive Maßnahmen gegen illegale Abholzung

Erhöhte Subventionen für ökologische Landwirtschaft

Intensivierung der Klimaschutzmaßnahmen (z.B. Förderung des Bahnverkehrs und Ausbau der Erneuerbaren Energien)

Hast du noch weitere Ideen, die zur Lösung beitragen können? Dann schreibe doch gern einen Kommentar unter diesem Artikel.

Ist die Bodenerosion aufzuhalten?

Wie das Video beeindruckend darstellt, soll sich das für jeden Erdbewohner verfügbare Ackerland bis zum Jahr 2050 halbieren. Doch wir alle haben die Chance, unsere Fehler zu korrigieren und die Böden, von denen das Leben auf dieser Erde abhängig ist, zu retten. Effizienz ist dabei das Stichwort – denn umso besser wir die Böden nutzen, Felder bewässern, Schutzwälle ausrichten, desto größer wird der ökologische und auch wirtschaftliche Ertrag. Vor allem als Konsument kannst du entscheidend dazu beitragen, dass dies getan wird.

Kapitel Nr. 14 - Überbevölkerung.

Darum geht's:

Die Weltbevölkerung wächst extrem schnell

Die Zahl der Menschen auf der Erde steigt und steigt. Waren es zur Jahrtausendwende noch sechs Milliarden Menschen auf der Erde, so sind nach Stand der Weltbevölkerungsuhr am 10. September 2022 bereits 8,016 Milliarden und es könnten es 2030 bereits 9 Milliarden sein. Die Prognosen der UNO sagen bis zum Ende dieses Jahrhunderts bereits mehr als elf Milliarden Menschen voraus. Damit hätte sich die gesamte Bevölkerung innerhalb von fast 100 Jahren mehr als verdoppelt. Das ist einerseits ein Zeichen für bessere medizinische Versorgung, mehr Wohlstand und Sicherheit. Doch es bedeutet heutzutage für viele andererseits: weniger für jeden Einzelnen.

Schon seit den 1920er Jahren ist das Wort „Überbevölkerung" auch ein Thema in der Politik. Damals trafen sich Vertreter unterschiedlicher Länder zum ersten Mal zu einem Gipfel. Seither wird die These immer wieder erneuert: Der Planet Erde ist vom Menschen überbevölkert. Und das sei die Ursache für Umweltkatastrophen, Gewalt und Not.

Darum müssen wir drüber sprechen:

Die Ressourcen werden knapper

Mit den steigenden Bevölkerungszahlen nimmt auch der Bedarf an Ressourcen stetig zu, egal ob Land, Wasser oder Energie. Doch während die Menschheit gerade kein Ende zu kennen scheint, sind Lebensmittel und fossile Rohstoffe nur begrenzt verfügbar.

Der Wissenschaftler Robert Thomas Malthus formulierte schon 1798 sein *„Essay on the Principle of Population"*. Er sah, dass die Bevölkerung mit der Zeit exponentiell wuchs, die Nahrungsmittelproduktion mit diesem Tempo aber nicht mithalten konnte. Also prophezeite er: Irgendwann wird der Lebensmittelbedarf so groß, dass man ihn nicht mehr decken kann. Die Folge: Kriege, Hunger und Tod.

Ähnliche Prognosen gibt es immer wieder. In seinem Buch „The Population Bomb" sprach etwa Paul Ehrlich 1968 davon, dass irgendwann ein kritischer Punkt erreicht sei. Doch schon damals sei die wachsende Weltbevölkerung Wurzel allen Übels.

Das Bevölkerungswachstum nimmt immerhin seit einigen Jahrzehnten leicht ab. In einigen Ländern ist dafür eine radikale Politik verantwortlich, nach der Paare in China etwa lange Zeit nur ein Kind bekommen durften. Für viele andere Länder gilt, dass steigender Wohlstand zu einer geringeren Geburtenrate führt. So bekommen deutsche Frauen nicht mehr zwei oder drei Kinder, sondern im Durchschnitt 1,7. Mehr dazu, wie die Weltbevölkerung sich entwickeln wird und wie man das Wachstum begrenzen kann, gibt es hier.

Die Prognose besagt aber, dass das Bevölkerungswachstum auch im nächsten Jahrhundert vermutlich noch anhält. Das grundsätzliche Problem nur auf die reine Zahl an Menschen zurückzuführen, vereinfacht das Problem aber zu sehr.

Aber: Nicht die Bevölkerung, sondern die Ressourcenverteilung ist das Problem

Schon länger gibt es in einigen Regionen der Welt, allen voran Afrika, lebensbedrohliche Engpässe an Nahrungsmitteln und Wasser. Bereits heute leidet rund ein Fünftel der Weltbevölkerung unter Wasserknappheit. Bis 2050 könnte etwa die Hälfte der Menschen zu wenig oder kein Wasser zur Verfügung haben. Doch Wasser ist nur ein Beispiel von vielen. Die Lebensmittelproduktion muss laut einer Studie bis 2050 zwischen 25 und 70 Prozent gesteigert werden.

Würden weniger Menschen auf der Erde leben, könnte das die Situation entspannen. Verbrauch und Bevölkerungswachstum sind jedoch weltweit sehr unterschiedlich. Die westlichen Industrienationen verbrauchen sehr viel Energie und Ressourcen. Ein Bürger aus den westlichen Nationen wie Deutschland, USA oder Russland verbraucht etwa ein Vielfaches mehr an Wasser als jemand aus Kenia. Dabei ist der Verbrauch mittlerweile so hoch, dass die Natur nachwachsende Rohstoffe nicht mehr ausreichend schnell nachbilden oder sich von den Umweltschäden erholen kann.

Die Ressourcenverteilung könnte in Zukunft ein noch größeres Problem werden, schließlich wollen auch Menschen aus ärmeren Regionen genauso einen Lebensstandard führen, wie es Ihnen Menschen aus Industrienationen derzeit vorleben. Wenn dort aber einerseits die Bevölkerungsdichte zunimmt und andererseits auch der Konsum steigt, führt das unweigerlich zu einem Verteilungskonflikt.

Artikel Abschnitt: Und jetzt?

Wir müssen nachhaltiger produzieren und unseren Konsum verändern.

Im Kino ist die Lösung für das Ressourcen-Problem überraschend leicht: Im „Downsizing" lassen sich Menschen einfach schrumpfen. So verbrauchen sie viel weniger Energie und Ressourcen und leben fortan im überschwänglichen Luxus. In der Realität macht die Physik solchen Plänen einen Strich durch die Rechnung.

Die Prognosen für das Bevölkerungswachstum sind klar: Es werden weiterhin mehr, mit sinkender Tendenz. Dafür könnte auch der wirtschaftliche Aufschwung verantwortlich sein. Es heißt, dass die Geburtenrate sinkt, sobald die Unabhängigkeit der Frauen durch entsprechend vergütete Arbeit zunimmt. Je mehr Frauen in Arbeit kommen, desto geringer die Geburtenrate. Mehr Entwicklungshilfe könnte in den Regionen, in denen die Bevölkerung derzeit stark wächst, die Prognosen entschärfen.

Laut des britischen Ökonomen Thomas Robert Malthus gibt es für die Ressourcenknappheit drei Szenarios. Entweder schafft es der Mensch, effizienter zu produzieren und somit die Bevölkerung auch in Zukunft zu versorgen oder aber er passt sich mit seinem Lebensstandard den verfügbaren Ressourcen an. Passiert nichts von beidem, dann sinkt das Nahrungsangebot so rapide, dass ein Großteil der Bevölkerung unter Mangel stirbt.

Bisher sieht es so aus, dass der Mensch etwa in der Landwirtschaft die Produktion immer mehr steigern kann. Pestizide, Dünger und hochmoderne Agrar- und Gentechnik ermöglicht regelmäßige Rekordernten. Dieser Trend könnte sich fortsetzen – allerdings auf Kosten der Umwelt. Viele Folgen der Umweltverschmutzung könnten für lange Zeit bleiben oder haben das Ökosystem einiger Regionen bereits unumkehrbar zerstört.

Eine weltweite Nutzung von ökologischer Landwirtschaft wird theoretisch nicht völlig ausgeschlossen, ist jedoch ebenfalls an eine Veränderung des Konsumverhaltens geknüpft, die im nötigen Maße derzeit nicht zu beobachten ist. Potential besteht auch dadurch, dass rund ein Drittel der Lebensmittel nicht gegessen, sondern weggeworfen oder entsorgt werden.

Folgende Schritte könnten Ernährungsprobleme entschärfen, ohne die Umwelt weiter zu schädigen:

Effiziente und nachhaltige Produktion auf den bereits bestehenden Flächen (insbesondere in Entwicklungsländern)

Weniger Lebensmittelabfälle (von Industrie und Verbrauchern)

Veränderte Ernährungsweise (weniger Fleisch und andere herstellungsintensive Lebensmittel)

Das Problem ist vor allem die Umweltbelastung, die durch den Herstellungsprozess entsteht. Das gilt für alle Waren, insbesondere hochverarbeitete Technik- und Industrieprodukte. Die Umweltbelastung bedroht in Form des Klimawandels einen Großteil der Menschheit, indem Regionen unbewohnbar und unfruchtbar werden könnten, der Meeresspiegel steigt und anhaltende Trockenheit die Ernte gefährdet. Insofern ist fraglich, ob es erstrebenswert ist, die Produktionskapazitäten immer weiter zu steigern.

Autor: Mathias Tertilt

Kapitel Nr. 15 - Abholzung.

Was bringt der Kampf gegen Abholzung?

Rund 100 Staaten wollen die weltweite Zerstörung des Waldes bis zum Jahr 2030 stoppen. Das Problem ist riesig. Wie lässt sich der Wald wirklich schützen?

Von Jurik Caspar Iser, Tina Groll, Johanna Roth und Tilman Steffen

Klimaschutz: Rodung in Brasilien: Wie lässt sich der Wald schützen?

Wald bindet CO_2, Abholzung schwächt den Schutz der Atmosphäre und verstärkt den Klimawandel. Mehr als 100 Staaten haben deshalb auf der Weltklimakonferenz in Glasgow einen Pakt geschlossen, um spätestens bis 2030 die Zerstörung von Wäldern zu stoppen. In den beteiligten Staaten liegen mehr als 85 Prozent der weltweiten Waldfläche, darunter der boreale kanadische Wald, der Amazonasregenwald in Brasilien und der tropische Regenwald im Kongobecken.

Der Plan macht Hoffnung, doch er ist nicht neu: Die Teilnehmer eines UN-Klimatreffens in New York wollten schon 2014 die Entwaldung bis 2030 stoppen. Doch vielerorts liefen die Kettensägen unverändert weiter – vor allem im

Amazonasregenwald in Brasilien, wo Präsident Jair Bolsonaro regiert.

Für den Kampf gegen die Erderwärmung spielen Wälder eine wichtige Rolle: Sie werden gern als die Lunge des Planeten bezeichnet. Rund ein Drittel der pro Jahr weltweit ausgestoßenen Treibhausgase werden von Wäldern aufgenommen – noch. Denn der Baumbestand schrumpft: Jede Minute verschwinden Wälder im Umfang von 27 Fußballfeldern, seit dem Ende der jüngsten Eiszeit hat die Erde ein Drittel ihres gesamten Baumbestands verloren. Zwischen 2015 und 2020 lag der weltweite Verlust an Naturwaldfläche gemäß Erhebungen der FAO (*United Nations Food and Agriculture Organisation*) bei rund zehn Millionen Hektar pro Jahr, ein knappes Drittel von Deutschland.

Die Waldzerstörung gefährdet nicht nur das Klima, sondern bedroht auch Lebensräume. Laut WWF lebt mehr als eine Milliarde Menschen in und um Wälder, darunter eine Vielfalt indigener Gemeinschaften. Dazu kommt, dass Wälder wichtige Ökosysteme sind. Werden sie aus dem Gleichgewicht gebracht, führt das nicht nur zu Artensterben, sondern auch dazu, dass sich Krankheitserreger wie Viren leichter verbreiten können. Wie die Virologin Sandra Junglen sagt: "Wer Pandemien verhindern will, muss den Regenwald erhalten."

Dabei sind nicht alle Regionen der Welt gleich von Entwaldung betroffen. Etwa zwei Drittel der Waldrodungen entfallen auf die Tropen und Subtropen, hat der WWF in einer Anfang des Jahres veröffentlichten Studie festgestellt. Die Naturschutzorganisation hat 24 besonders stark betroffene Regionen als "Hotspots der Waldzerstörung" ausgemacht. Das seien "Orte mit der größten Entwaldung oder der stärksten Beeinträchtigung des Lebensraumes weltweit, an denen auch weiterhin mit erheblicher Waldzerstörung zu rechnen ist" – etwa, weil die geschädigten

Wälder anfälliger für Feuer werden. Laut WWF ist in weniger als zehn Jahren in diesen Gebieten Wald in der Gesamtgröße Deutschlands und Irlands verloren gegangen. Neun von ihnen liegen in Lateinamerika und betreffen die Amazonasregenwälder in Brasilien, Kolumbien, Peru, Bolivien und Venezuela sowie die Trockenwälder des Gran Chaco in Paraguay und Argentinien. Aber auch in Südostasien sind laut WWF die Mekong-Region und Indonesien am stärksten vom Waldverlust betroffen, in Afrika die waldreichen Länder südlich der Sahara.

Welche Rolle spielt die Holzwirtschaft?

Es ist schwierig, die genaue Verantwortung für den Waldverlust einzelnen Treibern und Konsumländern zuzuschreiben. Für die Landwirtschaft wird der meiste Wald abgeholzt, mitunter einfach nur abgebrannt, wie 2020 in Brasilien, um günstig Nahrungsmittel produzieren und Tierzucht betreiben zu können. Darüber hinaus wird das Holz gefällter Bäume aber vielfach verkauft und die Fläche anschließend beackert, um Tierfutter für Rinder, Soja oder andere Produkte anzubauen. In Afrika geht viel Wald durch den Brennholzverbrauch der Bevölkerung verloren. Ähnlich in Syrien: In dem Bürgerkriegsland ist laut niederländischen Friedensforschern zwischen 2011 und 2020 ein Viertel des Baumbestands verschwunden, durch die katastrophale wirtschaftliche Lage.

So schädigen dann etwa Kakaotrinker in Deutschland die Wälder in Ghana und der Elfenbeinküste, wie ein deutsch-schweizerisches Team von Agrar- und Klimaforschenden schreibt. Der Holzexport nach China, Südkorea und Japan setzt demnach vor allem den Wäldern im Norden Vietnams zu.

Die zweitgrößte Fläche an Wald weltweit wird durch Straßen- und Siedlungsbau und durch Bergbau zerstört, am meisten Fälle davon liegen wiederum in Lateinamerika. Holznutzung zerstört in nur 67 Prozent der Fälle Wald, wie aus dem WWF-Waldbericht hervorgeht. Hier wirkt sich vor allem der industrielle Holzeinschlag in Asien aus. China saugt seit Jahren den größten Teil aller Exporte von Holz und Holzprodukten auf. Die Hauptexporteure sind vor allem aus Nordamerika, der EU und Russland.

Wie lässt sich der Wald schützen?

Forstwissenschaftlern zufolge kommt es vor allem auf drei Bereiche an, um den weltweiten Rückgang des Waldes zu stoppen: die Ausweisung von Schutzgebieten, die Aufforstung und den Ausbau einer nachhaltigen Bewirtschaftung. Peter Spathelf von der Hochschule für nachhaltige Entwicklung Eberswalde verweist jedoch darauf, dass der Schutz von Wäldern an erster Stelle stehen müsse – und bislang viel zu kurz komme.

Umweltorganisationen wie der WWF kritisieren sogenannte Paper Parks. Damit gemeint sind Schutzgebiete, die zwar auf dem Papier existieren, aber nicht ausreichend vor Abholzung bewahrt werden. Häufig stünden nicht ausreichend Mittel zur Verfügung, um Personal, Infrastruktur und Ausrüstung zu finanzieren. "Schutzgebiete bringen nichts, wenn die Umweltbehörden nicht entsprechend ausgestattet werden", kritisiert auch Forstwissenschaftler Spathelf.

Wie könnte eine nachhaltige Waldnutzung aussehen?

Ein großer Teil der Wälder weltweit wird von Menschen genutzt. "Vor allem in ärmeren Ländern ist die destruktive Wirkung auf den Wald sehr groß", sagt Forstwissenschaftler Spathelf. Er wirbt dafür, den Ländern ein eigenes Interesse aufzuzeigen, den Wald zu schützen. In der Vergangenheit hat sich eine Zertifizierung von Wäldern bewährt, um zum Beispiel einen nachhaltigen Anbau von Kakao oder Kaffee zu ermöglichen. "Das ist ein vielversprechendes Instrument, um Wälder zu schützen", sagt Spathelf. Die Fläche des Regenwalds mit entsprechenden Siegeln sei jedoch immer noch viel zu gering, fordert der Forstwissenschaftler.

Umweltschutzorganisationen weisen jedoch darauf hin, dass nicht alle Zertifizierungssysteme eine nachhaltige Waldnutzung sicherstellen. Selbst das weitgehend anerkannte FSC-Siegel ist nicht unumstritten.

Dennoch könnte es helfen, wenn Staaten Zertifikate für Holz- und Agrarprodukte verbindlich machen und internationale Lieferketten sauber halten. "Die von Deutschland, Frankreich und Großbritannien verfolgten Ansätze für entwaldungsfreie Lieferketten sind hier erste Schritte", schreibt der WWF in seinem Waldzustandsbericht 2020. Das Prinzip dahinter: Staaten sollen sich verpflichten, den Import von Produkten möglichst nur dann zuzulassen, wenn durch deren Herstellung kein Raubbau am Wald betrieben wurde. Und dabei geht es nicht um die Nachhaltigkeitszertifikate etwa für Tropenholz, wie es sie seit Jahrzehnten gibt, sondern auch um Soja, Tierfutter und Fleisch.

"Nach der Klimakonferenz in Glasgow müssen diese Standards schnellstens konkretisiert werden", sagt Sven Günter vom Thünen-Institut, dem Bundesforschungsinstitut für Wald und ländlichen Raum in Braunschweig. "Sonst scheitert die Initiative der Staaten." Doch er warnt auch: Zertifizierung funktioniere nur mit einem staatlichen Kontrollsystem. "In Ländern wie Brasilien ist das fraglich", sagt Günter. Als alternativen Weg setzt er auf die Konsumenten: Sie müssten bereit sein, einen höheren Preis zu zahlen für Produkte mit entsprechenden Nachhaltigkeitslabels.

Kompensiert die Aufforstung den Holzeinschlag?

In der 2011 gegründeten Initiative Bonn Challenge haben sich 61 Staaten und noch eine Reihe von NGOs zusammengeschlossen mit dem Ziel, bis 2020 ganze 150 Millionen Hektar Wald wieder aufzuforsten. Das Ziel hat sie nach eigenen Angaben bereits 2017 erreicht, Ende 2020 sollen es sogar schon 210 Millionen Hektar gewesen sein, wie auch das Bundesumweltministerium mitteilt, das die Bonn Challenge regional begleitet. Aufgeforstet wurde damit eine Fläche sechsmal so groß wie die Bundesrepublik. Bis 2030 will man nun 350 Millionen Hektar schaffen.

Allerdings bestehen Zweifel: So haben etwa die UN-Agrarorganisation FAO und das UN-Umweltprogramm UNEP in ihrem Globalen Waldzustandsbericht 2020 festgestellt, dass in Wirklichkeit nur 18 Prozent erreicht wurden. Hintergrund ist, dass die bei der Bonn Challenge beteiligten Mitglieder nur freiwillige Zusagen machen – niemand kontrolliert die Umsetzung. Zudem ist die Differenz auch mit dem Wuchstempo zu erklären, schließlich dauert es Jahrzehnte, bis aus Setzlingen Wälder werden.

Außerdem sind die jährlichen Waldverluste im Vergleich zur Aufforstungsrate immer noch zu hoch. Denn laut der FAO- und UNEP-Studie wurden pro Jahr zwischen 2010 und 2020 nur gut drei Millionen Hektar Wald nachgepflanzt, aber acht Millionen Hektar Bäume gefällt. In der Dekade davor waren es zehn

Millionen Hektar Verlust und fünf Millionen Hektar Wiederaufforstung. Dennoch ist das eine Verbesserung, denn insgesamt ist der Waldverlust leicht rückläufig. Zwischen 1990 bis 2000 verschwanden 7,8 Millionen Hektar, zwischen 2000 und 2010 5,2 Millionen. In den vergangenen zehn Jahren waren es 4,7 Millionen. Das Abholzen der Wälder weltweit hat sich daher minimal verlangsamt.

Kapitel Nr. 16 - Artensterben.

Ziemlich genau vier Jahre ist es her, dass der kleine Entomologische Verein Krefeld von einem Tag auf den anderen berühmt wurde. Den überwiegend ehrenamtlichen Mitarbeitern war es damals gelungen, wissenschaftlich nachzuweisen, was bis dahin nicht mehr als ein ungutes Gefühl war: In Deutschland sterben die Insekten.

In einer neuen Untersuchung, an der wieder die Insektenkundler aus Krefeld beteiligt waren, geht Carsten Brühl vom Institut für Umweltwissenschaften der Universität Koblenz-Landau jetzt den Ursachen für den Schwund nach.

Die Studie, die im Wissenschaftsjournal Scientific Reports erschienen ist, stützt den schon länger gehegten Verdacht, dass der Einsatz von Pestiziden in der intensiven Landwirtschaft einer der Hauptgründe für den starken Rückgang von Fliegen und Faltern, Käfern, Wespen, Bienen und anderen Insekten in Deutschland ist. Im Jahr 2017 hatten die Entomologen aus Krefeld gezeigt, dass die Masse der Insekten seit 1989 um durchschnittlich 76 Prozent zurückgegangen war.

Eine Million Tiere und Pflanzen sind weltweit vom Aussterben bedroht. Die Folgen für das Leben auf dem Planeten könnten ähnlich drastisch sein wie die des Klimawandels.

Von Tina Baier

Wie damals waren die Insektenkundler auch diesmal wieder mit ihren "Malaise-Fallen" unterwegs, zeltartige Konstruktionen, in denen sich fliegende Insekten verfangen. Die Tiere werden dann direkt vor Ort in Alkohol konserviert. Für die aktuelle Untersuchung stellten sie die Fallen von April bis Oktober 2020 in verschiedenen Regionen Deutschlands auf. Alle 21 untersuchten Standorte lagen in Schutzgebieten, die zum europäischen Schutzgebietssystem Natura 2000 gehören.

An 16 Standorten war auch ein längst verbotenes Neonicotinoid nachzuweisen.

Umso erschreckender ist es, dass die Forscher in allen Proben einen ganzen Cocktail von Pestiziden nachweisen konnten. Dazu untersuchten sie den Alkohol, in dem sie die gefangenen Insekten konserviert hatten, auf 92 der gängigsten Substanzen, die in der Landwirtschaft eingesetzt werden. Die entdeckten Pestizide müssen der Studie zufolge von den Insekten stammen, da der Alkohol ein Lösungsmittel für viele Chemikalien ist, die sich an oder in den Körpern der Tiere befinden.

Den Ergebnissen zufolge waren die Insekten in den Schutzgebieten im Schnitt mit 16 verschiedenen Pestiziden belastet, an einem Standort waren es sogar 27. Insgesamt konnten die Forscher 47 verschiedene Substanzen nachweisen, darunter Überreste der Herbizide S-Metolachlor und Prosulfocarb. Die Fungizide Azoxystrobin und Fluopyram waren in Proben aller Standorte enthalten und das mittlerweile EU-weit verbotene Neonicotinoid Thiacloprid in 16.

Dass auch nützliche Insekten mit Pestiziden in Kontakt kommen, die eigentlich entwickelt wurden, um Schädlinge zu bekämpfen, ist schon länger bekannt. Dasselbe gilt für die Erkenntnis, dass die giftigen Substanzen nicht auf dem Acker bleiben, auf dem sie angewendet werden, sondern sich in der Umwelt verbreiten.

Die meisten Studien, die sich mit der Ausbreitung von Pestiziden beschäftigen, konzentrieren sich allerdings auf Rückstände dieser Substanzen in Gewässern. Wie stark Insekten selbst mit Pestiziden belastet sind, wurde dagegen bislang kaum untersucht und wenn, dann meist nur einzelne Substanzen.

"Über die Kombinationswirkung ganzer Cocktails verschiedener Pestizide und deren Metaboliten auf Insekten weiß man noch viel zu wenig", schreiben die Wissenschaftler. Dass sich die giftigen Substanzen auf Insekten mitten in Naturschutzgebieten nachweisen ließen, lässt sich nach Ansicht der Studienautoren damit erklären, dass alle untersuchten Gebiete in der Nähe von Feldern liegen, die intensiv bewirtschaftet werden. "Bis heute ist biodiversitätsfördernder Ackerbau ohne Pestizideinsätze sowohl innerhalb als auch am direkten Rand neben wertvollsten Schutzgebieten eine Ausnahmeerscheinung", schreiben Thomas Hörren und Martin Sorg vom Entomologischen Verein Krefeld in einer Stellungnahme.

Um die Belastung der Naturschutzgebiete mit Pestiziden in Zukunft wenigstens zu reduzieren, sollten nach Ansicht der Studienautoren um solche Gebiete herum wenigstens Pufferzonen eingerichtet werden, in denen der Einsatz von Pestiziden verboten ist.

"Die Arten dieser Erde sichern unser Überleben"

Weltweit könnten eine Million Tier- und Pflanzenarten aussterben, zeigt der UN-Bericht zur Lage der Natur. Mitautor Ralf Seppelt erklärt, warum wir jetzt handeln müssen.

Interview: Dr. Maria Mast

6. Mai 2019, 12:22 Uhr401 Kommentare

Artensterben: Goldkopflöwenäffchen in einem Zoo in London. Sie gelten als stark gefährdet und kommen in freier Wildbahn nur noch in einem kleinen Gebiet in der südlichen Küstenregion des Bundesstaates Bahia vor.

Goldkopflöwenäffchen in einem Zoo in London. Sie gelten als stark gefährdet und kommen in freier Wildbahn nur noch in einem kleinen Gebiet in der südlichen Küstenregion des Bundesstaates Bahia vor.

Wie lässt sich das Artensterben aufhalten? Das haben in der vergangenen Woche Ökologinnen, Politiker, Diplomatinnen und Umweltschützer in Paris diskutiert. Heute ist der globale Report des Weltartenschutzrats IPBES erschienen. Der Ökologe Ralf Seppelt ist Umweltforscher und hat daran mitgeschrieben.

ZEIT ONLINE: Die Welt erlebt derzeit das größte Artensterben seit dem Verschwinden der Dinosaurier, sagen Artenschützerinnen und Artenschützer. Herr Seppelt, stimmt das?

Ralf Seppelt: Ja, es gibt keinen Zweifel daran. Der Mensch hat den Planeten in den vergangenen Jahrzehnten immer stärker und auf immer größeren Gebieten beeinflusst. Wir entziehen dem Planeten mehr nachwachsende Ressourcen als jemals zuvor. Und haben damit drei Viertel der Erdoberfläche an Land, 40 Prozent der marinen Gebiete und die Hälfte der Flüsse stark verändert. Das bleibt nicht ohne Folgen.

Artensterben: Ralf Seppelt ist Departmentleiter am Helmholtz Zentrum für Umweltforschung und Professor für Landschaftsökologie an der Martin-Luther-Universität Halle-Wittenberg. Er hat am globalen Zustandsbericht mitgearbeitet, der am 6. Mai vom Weltbiodiversitätsrat IPBES in Paris vorgestellt wird.

Ralf Seppelt ist Departmentleiter am Helmholtz Zentrum für Umweltforschung und Professor für Landschaftsökologie an der Martin-Luther-Universität Halle-Wittenberg. Er hat am globalen Zustandsbericht mitgearbeitet, der am 6. Mai vom Weltbiodiversitätsrat IPBES in Paris vorgestellt wird. © Sebastian Wiedling, UFZ

ZEIT ONLINE: Wie viele Tier- und Pflanzenarten sind denn bedroht?

Seppelt: Von den weltweit bekannten 1,7 Millionen Arten sind aktuell etwa 25 Prozent gefährdet, also circa 425.000. Wir wissen aber: Es gibt weit mehr Arten, die wir noch nicht erforscht haben. Mit den Daten der gut untersuchten Artengruppen wie Vögel oder Säugetiere können wir davon ausgehend im aktuellen Bericht hochrechnen, wie viele Arten es weltweit gibt: Und das sind 8,1 Millionen Arten. Und von diesen ist derzeit ungefähr eine Million vom Aussterben bedroht.

ZEIT ONLINE: Welche Tiere, welche Pflanzenarten und welche Ökosysteme sind besonders bedroht?

Seppelt: Vor allem solche, die es nur in spezifischen, räumlich begrenzten Regionen der Welt gibt: Auf den Galapagosinseln beispielsweise sind besonders viele Arten einzigartig und zugleich bedroht. Von diesen sogenannten endemischen Arten sind weltweit bereits 20 Prozent verschwunden. Auch im Meer sehen wir drastische Veränderungen: Ein Drittel der marinen Säugetiere sind gefährdet, genauso ein Drittel der riffbildenden Korallen. Bei den Amphibien sind es sogar 40 Prozent. Die Insekten sind unsere artenreichste Gruppe, von ihnen sind zehn Prozent bedroht.

ZEIT ONLINE: Flora und Fauna verändern sich seit Jahrmillionen, die Natur hat schon viele Eiszeiten und Heißzeiten überlebt, sich angepasst und verändert. Was ist dieses Mal anders?

Wir können zurzeit ein Artensterben nachweisen, das zehn- bis 100-fach schneller fortschreitet als in den zurückliegenden zehn Millionen Jahren.

Seppelt: Es ist schwierig, eine aktuelle Situation mit solchen großen Zeiträumen zu vergleichen. Und unser Einfluss auf den Planeten hat in den vergangenen 100 bis 200 Jahren maßgeblich zugenommen. Der Vergleich mit diesen Etappen zeigt aber deutlich, dass wir zurzeit ein Artensterben nachweisen können, das zehn- bis 100-fach schneller fortschreitet als in den zurückliegenden zehn Millionen Jahren.

ZEIT ONLINE: Warum ist es überhaupt so gravierend, wenn Arten aussterben?

Seppelt: Die biologische Vielfalt in all ihrer Gesamtheit – nicht nur einzelne besondere Arten – stellt unsere Lebensgrundlage dar. Bei einigen Arten wird das sofort klar, wie bei der Honigbiene und der Wildbiene, deren Verbreitung nach der IPBES-Analyse 2016 auch in der Öffentlichkeit stark diskutiert wurde. Wir erkennen, dass unser Leben von ihnen abhängt, weil sie Pflanzen bestäuben. Würde es sie nicht mehr geben, hätte das entscheidende Auswirkungen auf unser Nahrungsspektrum.

ZEIT ONLINE: Über bedrohte Tiere – Pandas, Robben, Tiger oder die Honigbiene – wird häufig mehr berichtet als über Pflanzen. Welche Rolle spielt es für unser Ökosystem, wenn Pflanzenarten gefährdet sind?

Seppelt: Pflanzen sind, genau wie Tiere, Bestandteil eines Netzwerkes, sie liefern Nahrung und Lebensgrundlagen für weitere Arten. In der Natur bestehen überall Wechselwirkungen. Fehlen Pflanzenarten, kann das zum Rückgang oder Aussterben anderer Arten, wie zum Beispiel Insekten, führen. Blühen Pflanzen etwa durch den Klimawandel zum falschen Zeitpunkt, wirkt sich das aus. Die Biodiversität ist das Sicherheitsnetz unserer Existenz und unserer Gesellschaft. Je dichter das ist, desto stabiler und desto vielfältiger können wir leben. Die Arten dieser Erde sichern so auch unser Überleben.

Was muss sich ändern, um das Artensterben aufzuhalten?

ZEIT ONLINE: Welches sind die Hauptursachen für das Artensterben, wie wir es seit einigen Jahren erleben?

Seppelt: Neben dem Klimawandel spielt die Ausbreitung invasiver Arten in Gebieten, in denen diese normalerweise nicht vorkommen, eine Rolle. Den größten Einfluss hat eine intensive Landwirtschaft und die damit verbundenen Emissionen: Mehr Fläche wird für Weidewirtschaft und Ackerbau genutzt. Und man zielt auf besonders hohe Erträge ab, weshalb man massiv Dünge- und Schädlingsbekämpfungsmitteln nutzt.

ZEIT ONLINE: Wie müsste und könnte sich die Landwirtschaft global verändern, um das Artensterben aufzuhalten?

Seppelt: Die biologische Vielfalt muss auch in den genutzten Agrar- und Kulturlandschaften geschützt werden. Das ist möglich. Ernährungssicherheit können wir vor allem erreichen, wenn Hunger und Mangelernährung durch die Stärkung von kleinbäuerlichen Strukturen zum Beispiel in Afrika bekämpft wird. Das senkt auch den Druck auf die Produktion in den landwirtschaftlich hoch intensiven Regionen, die durch die extreme Nutzung auch ihre biologische Vielfalt verlieren.

ZEIT ONLINE: Umweltprogramme scheitern häufig an wirtschaftlichen Interessen. Der Mensch steht in Konkurrenz zur Natur: Um Platz für Palmölplantagen zu schaffen, werden in Brasilien, Indien oder Malaysia Wälder brandgerodet. Braucht es ähnlich wie beim Klima mit den CO_2-Zertifikaten etwas, was es lukrativ macht, Tiere und Pflanzen zu schützen?

Seppelt: Entscheidend ist zunächst einmal, zu verhindern, dass weitere Flächen, die noch natürlich belassen sind, verloren gehen. Außerdem darf man die intensivere Nutzung von Flächen nur so weit zulassen, wie es ökologisch vertretbar ist. Und ja, das kann man dadurch erreichen, dass eine umweltfreundliche Produktion entsprechend honoriert wird und einer schädlichen Produktionsweise alle möglichen Schäden berechnet werden. Wenn man das tut, erreicht man schnell, dass sich ärmere Länder nachhaltig entwickeln. Man sieht bereits jetzt Fälle, in denen diese Länder im Gegensatz zu den westlichen einige Entwicklungsstadien überspringen und zum Beispiel gleich in erneuerbare Energien investieren. Entscheidend ist: Es bringt nichts, kleine Gebiete unter Naturschutz zu stellen – aktuell etwas mehr als zehn Prozent der globalen Landfläche – und zugleich die immer intensivere Landwirtschaft zuzulassen.

Sinnvoll für das Klima und für den Erhalt der Biodiversität

ZEIT ONLINE: Der aktuelle IPBES-Bericht wird mit den Papieren des Weltklimarats IPCC für den Klimawandel verglichen. Im Falle des Klimas drohen ab einem bestimmten Punkt unumkehrbare Umweltkatastrophen – beim Artensterben auch?

Seppelt: Die zwei Entwicklungen sind verschieden. Die ausgestoßenen Klimagase bleiben noch sehr lange in der Atmosphäre, aber je eher wir gegensteuern, umso weniger stark sind die Folgen. Wir müssen das Klima als sehr schweren Tanker langsam auf Kurs bringen, um weitere katastrophale Wetteranomalien zu vermeiden. Aber Arten, die ausgestorben sind, können nicht zurückgeholt werden. Biodiversität geht damit unwiederbringlich verloren. Je mehr Teile unserer Umwelt fehlen, desto größer ist auch die Gefahr, weitere zu verlieren. Wenn in diesem Sicherheitsnetz immer mehr Maschen fehlen, wird es irgendwann reißen.

Die Schlussfolgerungen des IPCC-Sonderberichts zum 1,5-Grad-Ziel und des aktuellen Berichts der IPBES sind sehr ähnlich: Es muss sofort und umfassend gehandelt werden.

ZEIT ONLINE: Im Falle des Klimawandels hat man lange zugeschaut, ehe man erkannt hat, wie groß die Gefahr ist. Kommt die Erkenntnis, dass das Artensterben global bekämpft werden sollte, noch rechtzeitig?

Seppelt: Beim Klimawandel war die Aufgabe des Weltklimarats IPCC zunächst, Belege für den menschengemachten Klimawandel und dessen Auswirkungen zusammenzutragen. Wir haben die Belege für den massiven Eingriff der Menschheit in die biologischen Lebensgrundlagen bereits. Die Schlussfolgerungen des IPCC-Sonderberichts zum 1,5-Grad-Ziel und des aktuellen

Berichts der IPBES sind sehr ähnlich: Es muss sofort und umfassend gehandelt werden.

ZEIT ONLINE: Trotzdem scheitert die Welt gerade bereits daran, die Ziele des Pariser Weltklimaabkommens einzuhalten. Was muss nach der Konferenz zum Weltartensterben passieren?

Seppelt: Viele der Maßnahmen, die der Weltklimarat vorschlägt, stehen auch in unserem Bericht. Die Abholzung von Waldflächen zu stoppen, ist nicht nur sinnvoll für unser Klima, sondern leistet auch einen Beitrag zum Erhalt der Biodiversität. Genauso verhält es sich mit den Ressourcen: Wir müssen weniger verbrauchen, für das Klima, aber auch um unsere Lebenserhaltungssysteme funktionstüchtig zu halten. Für Deutschland lässt sich sagen: Wenn wir nichts ändern, werden wir weder die gesteckten Klima- noch die Nachhaltigkeitsziele der Bundesregierung erreichen.

Kapitel Nr. 17 - Welthunger

Umweltbundesamt: Zusammenhang von Fleischkonsum und Welthunger

Das Umweltbundesamt (UBA) rät zu einer Reduzierung des Fleischkonsums innerhalb der Industrieländer, um die Welthungerproblematik zu entschärfen. Dies ist eine der Kernaussagen eines im Oktober erschienenen Positionspapiers des UBA zur nachhaltigen Land- und Biomassenutzung. Hauptanliegen des Positionspapiers »Globale Landflächen und Biomasse nachhaltig und ressourcenschonend nutzen« ist die Anregung eines umweltverträglichen und sozial gerechteren Umgangs mit globalen Ressourcen unter besonderer Berücksichtigung der weltweiten Ernährungssicherheit.

Derzeit leiden laut der Welternährungsorganisation FAO etwa 870 Millionen Menschen an Hunger und Unterernährung (FAO 2012), was – so das Positionspapier des UBA – zum einen auf Armut und die ungerechte Verteilung verfügbarer Nahrungsmittel zurückzuführen ist, zum anderen am ressourcenverschwenderischen Konsum der Industrie- und Schwellenländer liegt. Die zur Produktion von Landwirtschaftserzeugnissen notwendigen Ressourcen wie Land und Wasser sind bereits heute knapp bemessen. Deutlich zuspitzen wird sich die Situation zukünftig durch das Weltbevölkerungswachstum auf voraussichtlich über 9 Milliarden Menschen bis zum Jahr 2050. Um alle diese Menschen mit ausreichend Nahrung versorgen zu können, müssten dann laut FAO 70% mehr Nahrungsmittel als derzeit produziert werden. Da eine solche Steigerung nur schwer realisierbar ist, ohne gravierende Umweltschäden hervorzurufen, ist es laut UBA für die Industrieländer dringend geboten, Änderungen im Konsumverhalten vorzunehmen.

Fleischkonsum gefährdet die Ernährungssicherheit

In den Mittelpunkt der Betrachtung rückt das Umweltbundesamt in diesem Zusammenhang den Fleischkonsum. Nach Angaben des Positionspapiers ist der Fleischverbrauch pro Kopf in den Industrieländern mit durchschnittlich 82 kg pro Jahr erheblich höher als in den Entwicklungsländern (31 kg pro Jahr). Seit 1970 hat sich der weltweite Fleischkonsum verdreifacht – eine Umkehr des Trends ist (zumindest global gesehen) noch nicht in Sicht.

Nach Ansicht des UBA ist dies vor allem deshalb problematisch, weil die Produktion von Fleisch in direkter Konkurrenz zur globalen Ernährungssicherung steht. In Massentierhaltung gehaltene »Nutztiere« werden zu einem hohen Anteil mit Nahrung gefüttert, die ebenso gut für den menschlichen Verzehr geeignet wäre (v.a. Mais, Soja und Getreide). Diese Nahrung wird somit im Hinblick auf die Hungerproblematik regelrecht verschwendet, denn die Tiere wandeln nur einen Bruchteil der ihnen zugeführten Nährstoffe in Fleisch um. 34% des weltweit produzierten Getreides wurden im Jahr 2011 als Nutztierfutter und lediglich 46% direkt zur menschlichen Ernährung verwendet – die restlichen 20% wurden zu Treibstoff oder anderen Industrieprodukten verarbeitet.

Ressourcenverschwendung durch Fleischproduktion

Laut Angaben des Positionspapiers beansprucht die Produktion von tierischen Lebensmitteln im Vergleich zu pflanzlichen Lebensmitteln deutlich mehr Ressourcen und geht mit höheren Umweltbelastungen einher. Der in den Industrieländern bestehende Ressourcenbedarf für die Tierproduktion geht auf Kosten der weniger entwickelten Länder. So kann etwa der Tierfutterbedarf der Industrieländer nur dadurch gedeckt werden, dass der Futteranbau auf Landflächen in Entwicklungsländern ausgeweitet wird. Laut einer aktuellen Studie von »Brot für die Welt« hat dies für die betroffenen Länder weitreichende Folgen, wie die Regenwaldzerstörung und die Verdrängung von Kleinbauern und indigenen Völkern.

Dem UBA-Positionspaper zufolge beansprucht die EU allein für ihre Sojaimporte 13 Mio. ha Ackerflächen in Südamerika – dies entspricht mehr als einem Drittel der Gesamtfläche Deutschlands. Eine Reduzierung des Fleischverbrauchs der Industrieländer würde nach Einschätzung des Umweltbundesamtes (neben positiven Effekten auf Umwelt und Gesundheit) enorme Ackerlandflächen freisetzen und somit potenziell zur Ernährungssicherung von Menschen in ärmeren Ländern beitragen.

Empfehlungen des Umweltbundesamtes

Als Ergebnis erteilt das UBA-Positionspapier konkrete Politikempfehlungen, welche die Verbraucher anregen sollen, ihre Ernährung vorrangig pflanzlich und fleischreduziert zu gestalten.

Empfohlen werden die Einführung einer Fettsteuer, sowie der Abbau von Steuervergünstigungen für tierische Lebensmittel. Ersteres bedeutet einen Preisanstieg von Lebensmitteln mit gesättigten Fettsäuren proportional zu ihrem Fettgehalt (Butter und Schlagsahne würden demnach verhältnismäßig am teuersten, Fleisch würde sich ebenfalls verteuern). Letzteres meint die Erhebung des vollen Mehrwertsteuersatzes von 19% auf alle tierischen Lebensmittel – statt der bisher für fast alle Tierprodukte üblichen 7%.

Begleitet werden sollten diese steuerlichen Maßnahmen laut UBA durch die Einführung fleischreduzierter Speisepläne in öffentlichen Einrichtungen sowie durch Kampagnen und Bildungsmaßnahmen zur Förderung des nachhaltigen Konsumverhaltens, in denen verstärkt über den Zusammenhang des Fleischkonsums mit Umwelt-, Gesundheits- und Ressourcenproblemen aufgeklärt wird.

Fazit

Die Albert Schweitzer Stiftung für unsere Mitwelt begrüßt es sehr, dass das Umweltbundesamt die aufgeführten Punkte zusammengetragen hat und dazu konkrete Forderungen aufstellt. Dies ist ein entscheidender Beitrag dazu, dass sich das Wissen über die Folgen der überhöhten Fleischproduktion in der Politik verbreitet und daraus Taten resultieren.

Kapitel Nr. 18 – Ein Umdenken muss stattfinden

Umdenken beginnt vor der eigenen Haustür

Wo fängt eigentlich Nachhaltigkeit an? Tagtäglich arbeiten wir als globales Unternehmen an einem verantwortungsvolleren Umgang mit Rohstoffen und bemühen uns mit einem speziellen Bewertungssystem, unsere Produkte noch umweltverträglicher zu machen. Um das Ziel einer nachhaltigeren Gesellschaft zu erreichen, müssen sich aber nicht nur globale Prozesse ändern. Vielmehr muss jeder Einzelne umdenken. Damit beginnt Nachhaltigkeit bereits vor der eigenen Haustür. Diese liegt bei uns in Deutschland, genauer gesagt in Hamburg-Bahrenfeld.

Mit kleinen Schritten einen Beitrag leisten

Wir alle kennen das: Jahrelang eingespielte Gewohnheiten lassen sich schwer abstellen. Doch wir ermutigen zum Beispiel unsere Mitarbeiter, sich selbst und ihre Ideen einzubringen. So zeigen wir ihnen, wie sie mit kleinen Schritten ihren Beitrag zu einer geringeren CO_2-Bilanz leisten: zum Beispiel mit einem CO_2-Fahrertraining. Denn schon ein bewussterer Fahrstil schont die Umwelt. Beim Eco Relay Tag rufen wir die Kollegen dazu auf, sich persönlich für den Erhalt des Ökosystems stark zu machen. Im Rahmen einer Aktion pflanzen wir in Hamburg und

Umgebung seit Jahren gemeinsam mit Grundschülern junge Bäume und setzen Wildgehege wieder in Stand.

Umweltschutz spielerisch begegnen

Damit sich schlechte Gewohnheiten gar nicht erst einspielen, setzen viele unserer Projekte direkt bei Kindern und Jugendlichen an. Wir wollen sie spielerisch an die Themen Umweltschutz und Klimawandel heranführen. Deshalb unterstützen wir NGOs bei Projekten, die ungewöhnliche Ideen der nächsten Generation fördern und das Umweltbewusstsein der Jugend stärken. Beim Filmwettbewerb "CAMÄLEON" der Heinz Sielmann Stiftung beispielsweise werden Schüler dazu aufgefordert, außergewöhnliche Ansätze rund um Klimaschutz und Energieeffizienz zu entwickeln und diese filmisch festzuhalten.

Des Weiteren unterstützen wir seit Jahren das Hamburger Forschungsschiff Aldebaran mit technischem Equipment. Das Projekt gibt Schülern in den Sommerferien die Möglichkeit, auf Segelforschungsreise zu gehen und zum Schutz der Meere zu forschen. Vor kurzem erst ist die Aldebaran wieder für drei Wochen von Hamburg aus in Richtung Helgoland aufgebrochen.

Lehrprogramm bindet die Jüngsten ein

Gemeinsam mit der Nichtregierungsorganisation "*Foundation for Environmental Education*" (FEE) haben wir ein Umweltlehrprogramm speziell für Schüler im Alter von sieben bis elf Jahren entwickelt. Hierfür stellen wir Lehrern kostenlos Unterrichtsmaterial zur Verfügung, um Kindern möglichst früh Themen zum Klimawandel und Schutz unserer

Erde näherzubringen. Die Schülerinnen und Schüler lernen, was es bedeutet, umweltfreundlich zu handeln und unsere Umwelt zu schonen. In Deutschland haben seit dem Programmstart vor drei Jahren über 60.000 Kinder an rund 1.000 Schulen teilgenommen.

Das Ziel einer nachhaltigeren Gesellschaft fest im Blick dürfen wir also nicht bei einem Wandel der globalen Prozesse stehen bleiben. Wir müssen die Menschen bereits vor der eigenen Haustür an die Hand nehmen und ihnen einfache, eigene Wege zu mehr Umweltschutz aufzeigen. Dafür müssen wir Projekte anbieten, die sich nach lokalen oder nationalen Bedürfnissen richten und persönlichen Ideen Raum geben. Wenn das gelingt, sind wir auf einem guten Weg.

Wie können Kinder zu Umweltbewusstsein erzogen werden?

Wie werden wir in Zukunft leben? Welche Auswirkungen werden unsere Kinder durch den Klimawandel zu spüren bekommen? Was sollten wir tun, damit unsere Kinder, auch später noch, gesund aufwachsen können? Wie können sie frühestmöglich lernen, wie wir nachhaltig leben können? Es ist gar nicht so leicht auf all diese Fragen Antworten zu finden. Unsere Autorin und Nachhaltigkeitsexpertin Anke Schmidt, selbst Mutter zweier Kinder, gibt Dir einige Tipps, um Dir zu zeigen, was Du Kindern schon ganz früh in Sachen Umweltschutz und Nachhaltigkeit mitgeben kannst.

Was Du tun kannst, um Kinder bei einem nachhaltigeren Leben zu unterstützen

Wir wollen unsere Kinder für ein Leben in der Zukunft erziehen. Wir wollen dafür sorgen, dass unsere Kinder lange, glücklich und gesund leben können und ihnen bestenfalls die Kenntnisse und Fähigkeiten mitgeben, um dies erfolgreich zu tun. Demgegenüber stehen immer häufiger ausgesprochene Umweltprobleme: Die globale Erwärmung, Luftverschmutzung, knappes Trinkwasser usw. Wie ist es also möglich, bei unseren Kindern schon früh Werte zu verankern, mit denen wir ihnen die Umwelt und deren Schutz näherbringen?

Das Schöne ist, dass viele Kinder sich mittlerweile von selbst schon für Umweltthemen interessieren und mit eigenen Ideen zum Umweltschutz beitragen. Ein Beispiel dafür ist die *Fridays for Future-Bewegung,* die von Schülern ausging und sich stark für die Erreichung von sinnvollen Klimaschutz-Maßnahmen einsetzt.

Um Kinder für unsere Umwelt zu sensibilisieren, sind Ausflüge in die Natur sehr wichtig.

Achte darauf, dass Du Müll immer in einer Mülltonne entsorgst und den Müll trennst, gehe mit Deinem Kind viel raus, nutze öffentliche Verkehrsmittel, zeige ihm wie aufregend Zug fahren sein kann. Fahre mit dem Rad, gehe auf dem Wochenmarkt einkaufen, besuche Bauernhöfe. Töte Spinnen nicht, sondern setzt sie gemeinsam mit einem Glas wieder draußen aus. Nutze waschbare und wiederverwendbare Produkte anstatt Einweg-

Plastikprodukten, wie: Edelstahl-Brotdosen, Bambuszahnbürsten, Trinkflaschen, Holzspielzeug usw. So sind diese Dinge für Dein Kind schon sehr früh normal und es muss sich später nicht umgewöhnen.

Schon bei den Kleinsten kannst Du das Thema Umweltschutz mit in den Alltag einbinden. Vorleben ist auch bei Kindern das Einfachste, denn Kinder gucken sich sehr viel bei anderen Menschen ab.

Gemüse und Obst selbst anpflanzen

Mit älteren Kindern kannst Du zuhause Gemüse und Obst selbst anbauen, auch wenn es nur die Tomatenpflanze auf der Fensterbank ist. Beim Kochen könnt ihr überlegen, wie die Lebensmittel angebaut werden und woher zum Beispiel Gewürze kommen.

Bildung und Aufklärung

Du kannst Vogelhäuschen bauen, Bücher rund um Ernährung und Umweltschutz mit Deinem Kind lesen. Du kannst mit Deinem Kind über Ernährung sprechen und darüber nachdenken, ob es vielleicht Sinn macht, weniger Fisch und Fleisch zu essen. Oder gemeinsam überlegen, warum wir essen, was wir essen. Auch Fragen wie "Warum wollen wir immer neue Sachen haben?" könnt ihr zusammen beantworten. Plant ihr einen Urlaub könnt ihr gemeinsam schauen, welche Ziele mit dem Zug erreichbar sind und nebenbei darüber sprechen, welche Unterschiede es bei den

Verkehrsmitteln gibt. Du kannst mit Deinem Kind zuhause und beim Einkauf auch einmal direkt darüber nachdenken, warum so viele Lebensmittel verpackt sind und was mit den Verpackungen passiert, wenn diese im Mülleimer entsorgt wurden. Ihr könnt auch zusammen ergründen, woher eigentlich Energie kommt, warum die Lampen abends zuhause leuchten oder warum Batterien den Spielzeug-Zug zum Fahren bringen. Geht ihr gemeinsam spielerisch an die unterschiedlichen Themen ran, wird Dein Kind direkt lernen, dass Umweltschutz Spaß macht.

Nicht nur Eltern können Kinder für das Thema "Umweltschutz" sensibilisieren

Viele Kinder verbringen schon sehr früh Zeit in der Kita oder im Kindergarten und bald darauf dann in der Schule und in Vereinen. Gerade Kita und Kindergarten bieten schon früh die Möglichkeit, Kinder mit unserer Umwelt und dem Thema Umweltschutz in Berührung zu bringen. Wichtig ist, die Kinder und auch die Eltern frühzeitig in geplante Projekte einzubeziehen. Als Erzieher, Lehrer oder Trainer kannst Du die Eltern informieren, dass es Projekte zum Umweltschutz geben wird und auch erfragen, ob sie sich selbst dabei engagieren wollen. Ebenso können und sollten die Kinder in die Planung der Themen einbezogen werden. So entstehen kreative Ideen und die Motivation ist bei einem gemeinsam geplanten Projekt viel größer. Und je mehr mitmachen, je mehr lässt sich in Sachen Umweltschutz erreichen.

Wer noch auf der Suche nach Inspirationen ist, findet hier spannende Tipps, wie sich Umweltschutz ganz einfach in Kindergarten, Schule und Vereinen integrieren lässt.

6 Ideen für Umwelt-Projekte in Kindergarten, Schule und Vereinen

1. Müllsammeln

Sammelt in einer Woche all den Müll, der in Deiner Einrichtung anfällt. Sprich mit den Kindern darüber, warum dieser Müll angefallen ist, und sucht gemeinsam nach Lösungen, wie dieser reduziert werden könnte. In der Schule zum Beispiel dadurch, dass die Schüler wiederverwendbare Brotdosen mitnehmen anstatt Plastikbeutel.

2. Buch-Auswahl

Es gibt mittlerweile sehr viele gute Bücher rund um das Thema Umweltschutz und Nachhaltigkeit, auch für Kinder. Organisiere ein paar davon für Deine Einrichtung. Kinder lernen so viel aus Büchern.

3. Projekt-Woche

Organisiere eine Projekt-Woche in Deiner Einrichtung. Nimm interessierte Kolleginnen/Kollegen oder Eltern mit dazu und plant Projekte rund um den Umweltschutz. Vielleicht plant ihr die Woche auch direkt mit den Kindern zusammen. Einige Kinder bringen von zuhause vielleicht schon Ideen rund um das Thema mit.

4. Kreativ sein

Stelle zusammen mit den Kindern Wachstücher zur Aufbewahrung von Lebensmitteln her, vielleicht sogar als Geschenk für die Eltern. Nähe Baumwollbeutel mit ihnen. Knete, Wasserfarben und Salzteig sind Dinge, die Du schon im Kindergarten mit wenigen Zutaten zusammen mit den Kindern herstellen kannst. Viele gekaufte Produkte, gerade Knete, enthalten oft Schadstoffe und sind aufwendig verpackt. Sprich direkt mit den Kindern darüber, warum ihr Dinge selbst herstellt.

5. Upcycling

Überlege zusammen mit den Kindern wozu Dinge, die eigentlich im Müll landen, noch genutzt werden könnten. Mit Obst- und Gemüseschalen können zum Beispiel Stoffe gefärbt werden. Toilettenpapierrollen können zum Basteln genutzt werden. Nimm Dir dabei immer etwas Zeit, um den Kindern zu erklären, warum es so wichtig ist, einmal produzierte Dinge weiter zu verwenden.

6. Ausflüge

Wenn Du die Möglichkeit hast, unternimm mit den Kindern je nach Alter Ausflüge - zum Beispiel in den Wald, zu einer Recyclinganlage oder zu einem Bauernhof. Auf Bauernhöfen lernen die Kinder, wo Milch und Fleisch herkommen. Bei einigen Bauernhöfen gibt es auch die Möglichkeit, dass Kinder bei der

Ernte von Obst und Gemüse helfen können. Viele Kinder wissen heute nicht mehr, wo unsere Lebensmittel herkommen. Das ist deshalb ein toller Weg, sie langsam daran heranzuführen. Je nach Alter der Kinder kannst Du danach noch spielerisch erarbeiten, welche Folgen der Anbau diverser Lebensmittel für unsere Umwelt hat.

Das Wunderbare an Kindern ist, dass sie sich ganz leicht für Themen begeistern können, wenn diese spielerisch angegangen werden. Jeder kleine Schritt, den Du zusammen mit Deinem Kind in Richtung Umweltschutz machst, ist schon sehr wertvoll. Es gibt sehr viele Dinge, die ihr gemeinsam entdecken und erlernen könnt, angefangen in eurem Alltag. Du musst Dich nicht über CO_2-Vergleichswerte von Fahrzeugen informieren oder viele Dokumentationen schauen, um Kinder für den Umweltschutz zu sensibilisieren. Es sind schon die kleinen Dinge, auf die Du von Anfang achten kannst, die sehr viel bewirken.

Kapitel Nr. 19 – Wir hinterlassen den Enkeln ein Umweltchaos

Das 20. Jahrhundert war für den Planeten mit Bestimmtheit das schwärzeste Jahrhundert seiner Geschichte. Zwei Weltkriege tobten, der Korea-Krieg, der Vietnamkrieg, Irak, Iran, Afghanistan – um nur die hauptsächlichsten Auseinandersetzungen zu nennen, die auf der Erde nicht nur unsagbares Leid, Verwüstung, Zerstörung und tiefe Narben hinterlassen haben, nein, wir müssen auch die Kontaminierung, Verminung, Entlaubung und nukleare Verseuchung ansprechen.

Aber auch aufbauende Wirtschaftszweige, wie die Erdöl- und Gas-Industrie verseuchen Landstriche, Flüsse und die Meere mit immer neuen Bohrungen, um Mutter Erde auch den letzten Öltropfen abzuringen. Über Nachhaltigkeit wird hier ebenso wenig nachgedacht wie in der Fischerei-Industrie. Man nimmt, was man kriegen kann und „nach uns die Sintflut".

Das Ausmaß, welches allein die Plastikindustrie weltweit angenommen hat, ist noch eines der Beispiele, das den meisten Menschen geläufig ist, aber wie sieht es mit der Zementindustrie aus? Wem ist heute schon bewusst, dass allein die Herstellung dieses überall begehrten Baustoffes mehr als drei Milliarden Tonnen CO_2 in die Luft bläst, damit hat dieser Industriezweig mit 6-8 Prozent Anteil an der gesamten CO_2 Produktion, oder bildlicher, es ist die vierfache Größenordnung des gesamten Luftverkehrs. (Zum Vergleich wurde das Jahr 2019 genommen).

Ohne mit der Wimper zu zucken, ja ohne die geringste Schamesröte leitet selbst im 21. Jahrhundert die Industrie ihre Abfälle in Flüsse und Seen, lässt sie illegal auf hoher See verklappen oder vertraut sie windigen Abfallhändlern an, die alles in rostigen Containern nach Afrika entsorgen, gar nicht erst von ungesicherten Bergwerksstollen und natürlichen Höhlen zu reden. Wo man hinschaut, wird der Planet ausgeraubt, kontaminiert und zugemüllt.

Fällt das nur einigen wenigen auf, sogenannten Umweltaktivisten? Nein, den Verursachern ist das auch bewusst, aber leider völlig egal, solange alles im großzügig gesteckten rechtlichen Rahmen bleibt. Und sollte es mal eng werden, sorgt die entsprechende Lobby dafür, dass der Rahmen geweitet wird.

Die schlichte Gier macht es möglich. Ich denke, besonders zwei Charaktereigenschaften richten uns zugrunde: Die unersättliche Gier und der Fanatismus, wobei völlig wurscht ist, ob aus politischen, religiösen oder sportlichen Beweggründen. Diese beiden Strickfehler führen uns auf lange Sicht in den Abgrund, ohne Wiederkehr!

Kein Forscher macht sich die Mühe, einmal nachzudenken, warum es ein Wettergeschehen gibt, warum der Golfstrom existiert, weshalb die Erde Öl produziert. Man könnte darauf stoßen, dass auch im planetaren Ökosystem alles seinen Sinn hat und gebraucht wird. Aber von solchen Erkenntnissen sind wir so weit entfernt, wie vom Andromeda-Nebel. Unerreichbar – vorerst, also kümmert uns mehr der Nutzen als die Funktion.

Wozu braucht dieser Planet eine Atmosphäre, warum hat Mutter Erde einen so aufwendigen Wasserkreislauf? Warum gibt es überhaupt so viel Salzwasser und so wenig Süßwasser im Vergleich?

Ja, wir erahnen nicht einmal das mögliche Zwiegespräch der Planeten untereinander im gleichen Sonnensystem, während Esoteriker längst davon sprechen, dass alles im Universum irgendwie zusammenhängt.

Könnte man das gesamte Universum, also nicht nur unsere Milchstraße einmal von ganz weit außen betrachten, würden wir vielleicht erkennen, dass auch das gesamte Weltall nur ein kleiner Teil eines weitaus größeren Organismus ist.

Der Mensch hingegen entwickelt sich immer mehr zur Krankheit unserer Erde. Uneinsichtig, gedankenlos, selbstzerstörend und ohne einen Blick in die Zukunft zu werfen. Wir leben im Heute und Jetzt, lass die nächste Generation im Morgen leben, wenn da noch was übrig sein sollte.

Unsere Großeltern legten sich krumm dafür, damit es deren Kinder und Kindeskinder einmal besser haben würden. Wir in unserer ausufernden, rücksichtslosen Gier hingegen tun alles dafür, den Folgegenerationen nur verbrannte Erde zu hinterlassen. Umweltschäden, die man eben nicht mit einem Wisch wieder reparieren kann. Nein, was wir anrichten, wird viele Jahrzehnte benötigen, wenn nicht sogar Jahrhunderte, bis sich der Planet vom Homo sapiens wieder erholt hat.

Menschen, die warnen, die aufzeigen, dass wir ein besseres Leben hätten, lebten wir mehr im Einklang mit der Natur, werden verlacht und als Verschwörungstheoretiker gebrandmarkt.

Denken wir nur an James Francis Cameron, den großen kanadischen Regisseur des 20. und 21. Jahrhunderts mit seinem großartigen Film AVATAR. Eine hochintelligente Gesellschaft lebt in völligem Einklang mit dem Wesen ihres Planeten. Die Cineasten warten auf eine Fortführung, aber in der realen Welt tut sich nichts, im Gegenteil, die Botschaft verhallt und der Ressourcen-Abbau wird sogar noch beschleunigt. Wir haben nichts der Botschaft verstanden.

Je mehr Menschen aufstehen und sagen: „So kann es nicht weitergehen", umso mehr werden diese Leute aus dem Gesichtsfeld gedrängt, von den Bühnen gerissen aus den Plattformen verbannt. Nein! Das will man nicht hören, das kann nämlich gar nicht sein. Ein Umdenken, Umschwenken, Gegenlenken kommt gar nicht in Betracht. Der Zug läuft doch gerade so schön schnell und immer schneller. Er läuft tatsächlich, allerdings auf eine Katastrophe zu, die wir nicht überleben können.

In nur einem Jahrhundert haben wir unabänderbar die Weichen gestellt, damit es zu einer finalen Katastrophe kommt. Dabei haben wir das auf vielerlei Ebenen so geschickt angestellt, dass es gar nicht nötig ist, auf einen dritten Weltkrieg zu warten, nein, wir richten uns auch ohne weitere Bomben zugrunde und diesmal gründlicher als je zuvor.

Kapitel Nr. 20 – Wenn Sie mich fragen

Meiner persönlichen Meinung nach wird sich unser Planet nicht in seine eigene Vorstellung von Wohlbefinden hineinpfuschen lassen und er wird mit dem Klimawandel so fortfahren, wie es ihm beliebt, eigentlich genauso, wie er es seit 4.7 Milliarden Jahren gemacht hat. Egal, an welcher Schraube der Mensch meint, etwas drehen zu können. Klima- und Wettergeschehen, sind zu komplex, als dass wir in absehbarer Zeit alle Zusammenhänge verstehen und nachvollziehen können, geschweige denn, sinnvoll im richtigen Moment an richtiger Stelle eingreifen.

Bisherige Versuche künstlich Regen zu erzeugen, erinnern eher an die Regentänze der Ureinwohner Amerikas. Manipulationen der erdnahen Schichten unserer Atmosphäre, um die Sonneneinwirkung zu manipulieren (wenn man denn an Chemtrails glaubt), erzeugen so viele negative Nebeneffekte, dass man früher oder später davon wieder absehen wird. Viele Staaten haben erst gar nicht bei diesem Unsinn mitgemacht.

Auf absehbare Zeit wird es in einer freien Wirtschaft nicht zu einer gerechteren Verteilung der Ressourcen kommen, dem steht der Wachstumsgedanke und das Gewinnstreben entgegen.

Spannend wird es, wenn wir das Problem Überbevölkerung einmal aus einer völlig anderen Perspektive betrachten. Tatsächlich wächst die Erdbevölkerung immer noch. Tatsache ist aber auch, dass sich hier im Lauf der letzten 40 Jahre das Tempo stark gedrosselt hat. Wir sehen heute Industrienationen, die einen deutlichen Teil älterer Menschen aufweisen und das bei sinkender Geburtenrate. Eine Überalterung findet statt.

Der Journalist Gernot Kramper schreibt am 29. Januar 2022 im STERN:

„Anstatt der Überbevölkerung droht die Entvölkerung der Erde. Ab 2064 wird es weniger Menschen geben. Viele Länder werden bis 2100 auf die Hälfte schrumpfen – wenn sie den Frauen jetzt kein Angebot machen.

Noch vor einigen Jahrzehnten fürchtete man, dass der Planet an allzu vielen Menschen ersticken werde. Das Wachstum der Bevölkerung durch hohe Geburtenraten schien unaufhaltsam. Das Blatt hat sich längst gewendet. Das Wachstum hat sich stark abgebremst und es ist absehbar, wann die Bevölkerung zu schrumpfen beginnt.

In immer mehr Ländern wird die Zahl der Sterbefälle, die der Geburten übersteigen. In Industriestaaten wie Japan und Deutschland ist dieser Trend schon länger zu beobachten, doch erst als er die meisten asiatischen Länder erfasst hat, wirkt er sich weltweit aus. Ausgerechnet Elon Musk hat nun Alarm geschlagen. Die Befürchtung des SpaceX-Chefs lautet, dass sein Lebenstraum, den Mars zu besiedeln, um eine "Arche Noah" für die Menschheit zu schaffen, ins Wasser fällt, wenn die Menschen nicht einmal mehr die Welt besiedeln können. "Wir sollten uns viel mehr

Sorgen über einen Bevölkerungszusammenbruch machen", warnte Musk letzte Woche in einer Reihe von Tweets und nannte die optimistischeren Prognosen der UN "völligen Unsinn".

"Wenn es nicht genug Menschen für die Erde gibt, dann wird es definitiv nicht genug für den Mars geben."

Abrupt einsetzender Schrumpfprozess

Musks Problem, keine Freiwilligen für die Mars-Kolonien zu finden, wird die meisten kalt lassen. Und ohne Frage wird eine abnehmende Bevölkerung das Ökosystem des Planeten entlasten, weil weniger Menschen auch weniger Raum und Ressourcen verbrauchen werden. Doch ist zu befürchten, dass dieser Prozess nicht reibungslos vonstattengehen wird. Dafür setzt er viel zu abrupt ein. Forscher erwarten, dass sich die Bevölkerung in Ländern wie Spanien, Südkorea und China bis zum Jahr 2100 glatt halbieren wird. Und bei diesen Projektionen ist die Zunahme des Durchschnittsalters bereits berücksichtigt. Es wird daher nicht nur sehr viel weniger Menschen geben, die Gesellschaften werden zugleich vergreisen.

Die UNO geht optimistisch noch davon aus, dass die Weltbevölkerung um das Jahr 2100 ihren Peak erreichen wird. Eine Prognose des *Institute for Health Metrics* and Evaluation (IHME) der University of Washington sieht den Höhepunkt schon im Jahr 2064. Demnach werde in 23 Ländern im Jahr 2100 die Bevölkerung nur noch halb so groß wie heute sein. Das bevölkerungsreichste Land der Welt, China, wird von einem

Höchststand von 1,4 Milliarden auf nur 732 Millionen Einwohner im Jahr 2100 zurückfallen.

Eine menschenleere Ödnis droht wohl nicht, aber was, wenn sich der Planet in ein Altersheim verwandelt.

Geburtenrückgang

Empty Planet - Droht statt der Überbevölkerung nun ein menschenleerer Planet?

Dort führen die Nachwirkungen der Ein-Kind-Politik zwischen 1980 und 2015 dazu, dass die Bevölkerung nun rasch altert. Zu ähnlichen Ergebnissen kamen der kanadische Sozialwissenschaftler Darrell Bricker und der Journalist John Ibbitson schon vor einigen Jahren. In ihrem Buch "Der leere Planet" (Empty Planet: The Shock of Global Population Decline) lautet ihre These: "Das bestimmende Ereignis des 21. Jahrhunderts tritt in drei Jahrzehnten ein, dann wenn die Weltbevölkerung zu sinken beginnt. Sobald dieser Niedergang beginnt, wird er nie enden."

Lange Nachwirkungen

Das Beispiel China zeigt eine Besonderheit der Studien: Einerseits ist es unsicher, Annahmen über Zeiträume in der Zukunft zu treffen. Wer will exakt sagen, welche Wünsche, Lebens- und Familienvorstellungen Personen im Jahr 2080 haben werden, die heute noch nicht einmal geboren sind? Andererseits wirken

Entscheidungen lange nach. Denn eines ist auch sicher: Kinder, die heute nicht geboren werden, werden in 20, 30 oder 40 Jahren gewiss keine Familie gründen.

Sicher ist auch, dass der dramatische Bevölkerungsrückgang die Gesellschaften vor große Herausforderungen stellen wird. Wenn keine politischen Maßnahmen ergriffen werden, verschlingt eine ältere Gesellschaft mehr Geld für Gesundheits- und Sozialausgaben und Rentenzahlungen. Einzelne Staaten können durch Einwanderung versuchen, den Prozess zu verlangsamen, weltweit gesehen wird das Problem damit aber nicht gelöst. Anzunehmen ist, dass es einen starken Wettbewerb um qualifizierte Migranten geben wird.

Länger arbeiten

Die Zeit, in der die staatlichen und sozialpolitischen Ausgaben im Wesentlichen durch die Belastung der menschlichen Erwerbsarbeit finanziert wurden, wird zu Ende gehen. Ben Zaranko, Wirtschaftswissenschaftler am Institute for Fiscal Studies, sagte dem britischen "Telegraf", dass eine schrumpfende Bevölkerung nicht unbedingt ein Problem für die Wirtschaft darstellt. "Wenn man eine kleinere Bevölkerung hat, hat man auch eine kleinere Wirtschaft, aber jeder Einzelne kann genauso wohlhabend sein. Das Problem ist, dass dies mit einer Veränderung aller Strukturen einhergeht."

"Wenn die Volkswirtschaften reicher werden, bekommt jeder Einzelne im Durchschnitt weniger Kinder. Wir sollten die Tatsache, dass wir eine wohlhabendere Gesellschaft sind, nicht schlecht reden. Das wird Herausforderungen mit sich bringen, aber viele der zugrunde liegenden Ursachen sind Dinge, über die man sich freuen kann."

Das gilt aber nur für Volkswirtschaften, die das Kunststück schaffen, bei schrumpfender und stark alternder Bevölkerung auf Wachstumskurs zu bleiben. Vor allem Bereiche, die bislang noch kaum menschliche Arbeit durch industrialisierte Prozesse oder Roboter ersetzen konnten, werden unter Druck kommen. Das wären etwa die Pflegebranche, aber auch Gastronomie und Schulen. An einem längeren Arbeitsleben wird auch kein Weg vorbeiführen. Prof. Sarah Harper, Direktorin des Oxford Institute of Population, nimmt an, dass durch den medizinischen Fortschritt und die Förderung eines gesunden Lebensstils das Arbeitsleben bis in die 70er-Jahre verlängert werden kann.

Muss es so kommen?

Grundsätzlich sind Frauen der Schlüssel zu allen Fragen der Bevölkerungsentwicklung. Rechtliche Gleichstellung, die Erosion traditioneller Familienformen, bewusste Familienplanung und die bessere Schulbildung bestimmen heute die Entwicklung. Weltweit sinkt die Geburtenrate bei Frauen daher weit schneller, als früher angenommen wurde. Gleichzeitig steigt die Zahl der Frauen, die bewusste Familienplanung vornehmen. In Brasilien und China entscheiden sich heute viele Frauen für eine dauerhafte Sterilisation – in China soll die Hälfte der Paare diesen Weg gehen. In Südkorea und Japan verschieben Frauen eine Schwangerschaft bis nach dem 30. Lebensjahr oder verzichten ganz darauf.

China startet "künstliche Sonne" – Was es mit dem viralen Video auf sich hat

Dabei sollte aber nicht vergessen werden, dass die Option "Kein Kind" oder nur "Ein Kind" häufig aus der schwierigen Lage zwischen Karrierewünschen, Unsicherheit über die Zukunft und verfügbarem Einkommen resultiert. Frauen optieren gegen Kinder, weil sie ihre Stellung in der Gesellschaft nicht gefährden wollen. Das ist aber kein Naturgesetz. Eine Gesellschaft könnte es auch schaffen, dass ein erfüllter Kinderwunsch etwa bei alleinerziehenden Müttern nicht mehr ein eklatantes Armutsrisiko darstellt, die Mutterschaft angesehen ist und Karriere und Kinder kein Widerspruch bedeuten. Diese Gesellschaft kann dann durchaus vorführen, dass die Krise des Bevölkerungsrückgangs nicht über sie hereinbrechen wird." (Zitat Ende)

Und wie sieht es tatsächlich mit einem ganz anderen Gebiet aus, nämlich der Energieversorgung? Da werden aus „Sicherheitsgründen" die Atommeiler abgeschaltet, um die Luft nicht weiter zu verpesten die Kohlekraftwerke gleich mit. Sicherlich auf lange Sicht ein Schritt in die richtige Richtung, aber statt intensiv die Forschung zu forcieren, damit die Sonnenenergie besser genutzt werden kann, stellt man die Landschaften zu mit Windkrafträdern. Diese „erneuerbaren" Energien sollen nun in Windeseile mit gewaltigem finanziellem Aufwand die alten Stromerzeuger ersetzen. Was daraus tatsächlich resultiert, ist eine katastrophale Kostenexplosion. Und das nicht nur auf dem Stromsektor. Die Gaspreise haben sich versechsfacht, also sind die Schlaumeier hingegangen und haben das von Russland billig eingekaufte Gas am internationalen Markt teuer verhökert. Nun sind mitten im Winter 2021/22 die Speicher fast leer, was zu einer künstlichen Verknappung führt. Man könnte ja Nordstream II öffnen und das Gas wieder fließen lassen. Die langfristigen Lieferverträge zu äußerst erträglichen Preisen sind lange unterzeichnet, aber man ziert sich. Auch hier leidet am Ende nur der Verbraucher.

Ja die Energiekosten sind, was Strom angeht so unerschwinglich geworden, dass Großverbraucher, wie Bahnbetreiber bei Neuanschaffungen im Güterverkehr gar nicht erst Elektro-Loks ins Kalkül ziehen, sondern Dieselmotoren den Vorrang geben – wie gesagt Neubestellungen von Triebwagen, die erst in den kommenden Jahren zum Einsatz kommen werden.

Der größte Skandal, was den dem Bürger in Rechnung gestellten Strompreis pro Kilowattstunde angeht allerdings, dass die Kalkulation stets vom teuersten Stromerzeuger ausgeht, das ist in diesem Fall die Gasverstromung. Die erneuerbare Energie durch Windkrafträder fällt in der Kalkulation völlig unter den Tisch.

Man kann eigentlich abwarten, wann das Stromtanken mindestens so teuer ist, wie das heutige Sprittanken. Dann hätten sich die visionsfreien Zukunftsplaner in Sachen Elektroauto und sauberer Umwelt in den eigenen Finger geschnitten. Ich sehe schon Halden von Elektroautos, alle hübsch anzusehen, auch absolut bezahlbar, aber im Unterhalt nicht mehr zu tragen, weil energiepolitisch wenig weitschauend gehandelt wurde. Soweit also die grüne Energie. Hier haben Regierung und Industrie wieder einmal wunderbar zusammengearbeitet. Auf Kosten der Verbraucher. Erst wird die Autoindustrie quase dazu gezwungen, Benziner und Diesel aus dem Herstellungsprogramm zu nehmen, was eine Investitionswelle in Gang brachte in Sachen E-Auto. Dann hat man den Verbraucher mit Steuernachlässen und Kaufpreiszuschüssen gelockt, sich von seinem alten Diesel zu trennen und ein E-Auto anzuschaffen. Nun, da die Weichen gestellt sind, die Autoschmieden ihre Montagestraßen umgestellt haben, und die E-Autos nur so vom Band fließen, wird am Strompreis gedreht, bis man kaum noch einen Unterschied merkt zwischen Strom-, Benzin- oder Dieseltanken. Der Dumme ist immer der Verbraucher, der nun nicht nur mehr Geld für sein warmes Zuhause ausgeben muss, sondern auch noch mit seinem neuen Auto in der Stromfalle gelandet ist, denn diese Preisschraube lässt sich endlos drehen.

Ganz abgesehen von der gescheiterten Energiepolitik, auch die stromerzeugende Industrie wehrt sich mit Händen und Füßen gegen die Entwicklungen von etwa 30.000 europäischen Forschern, die seit etwa 25 Jahren versuchen, etwa dem Magnetmotor auf die Sprünge zu helfen, oder wenn ich an den hydraulischen Widder denke, ein Prinzip zurückgehend auf die Brüder Montgolfier, welches von Dr. Marukhin weiterentwickelt worden ist. Vielversprechende Versuche in Sachen Gravitationsenergie oder Kernfusion in kleinen Einheiten werden im Keim erstickt. Weil nicht sein kann, was nicht sein darf. Ein Mann wie Elon Musk hat es geschafft, die komplette Autoindustrie umzukrempeln. Ein solcher unabhängiger Mann mit Vision fehlt in der Energie-Erzeugung und -Nutzung leider immer noch. Schon vor 15 Jahren klopfte man Erfindern wie Dr. Alex Hill seitens der US-Navy auf die Finger. Hocheffiziente Energie-Technologien (Overtunity Technologies) würden seitens der Navy streng bewacht und nicht für den allgemeinen Markt zugelassen. Hätte der Erfinder weiterarbeiten können, wären die Geräte jetzt längst in der Serienreife.

Oder wenn ich an die Aussagen des Ex-Astronauten Brian O'Leary (1940-2011) denke, der in seinem Buch „The Energy Solution Revolution" schrieb, dass Freie-Energie-Technologie seit längerem verfügbar sei. Sie würde jedoch weder in großem Umfang eingesetzt noch in der Öffentlichkeit diskutiert oder angeboten. Er bestätigte, dass er selbst Labore besucht, die Demonstrationen angeschaut und mit den Forschern habe sprechen können. Wie ihm gezeigt wurde, haben die Vakuumfelder so viel Potenzial, dass das Energieproblem des Planeten mit dieser Technologie sehr schnell gelöst werden könnte. Allein Militär und Energie-Industrie haben daran kein Interesse. Die Technologie ist noch in den Händen der Mächtigen und bleibt somit unter Verschluss.

Damit will ich aufzeigen, auch in diesem Bereich ist die Verknappung und die Krise hausgemacht. Was knapp ist, wird teuer bezahlt, also warum sollte man Technologien zulassen, die jeden Einfamilienhausbesitzer energietechnisch autark machen würden.

Und wie sähe es denn dann mit unserem Klima aus, wenn Ölbohrungen, Gasförderung, Kohlebergbau gar nicht mehr nötig wären. Wenn alle Abgasmotoren abgeschafft und Strom auf sinnvolle Weise erzeugt würde. Millionen von Quadratkilometern an Dachflächen heizen sich auch im 21. Jahrhundert bei jeder Sonneneinstrahlung umsonst auf, die Wärme wird weder genutzt, noch wird sie in Strom umgewandelt. Was aber machen, wenn die Sonne nicht scheint? Dafür gehören in jeden Keller entsprechende Batterien, die es zu entwickeln gilt.

Aktiv-Wände sind in der Architektur bei Null-Energie-Häusern längst im Einsatz. Ich sehe ein riesiges Potential, wie man überall Sonnenenergie gewinnen und in Strom verwandeln könnte. Da bräuchte man die ganzen Windparks, die Millionen Vögel und Milliarden Insekten das Leben kosten. Aber die Energy-Lobby denkt da anders. Mit dem entsprechenden Bakschisch werden Politiker überzeugt, dass Windräder der Ausweg aus der Stromwende sind, man heimst Subventionen ein und erklärt dem dummen Verbraucher gleichzeitig, dass die Wende halt auch über den Strompreis finanziert werden muss. Sie kassieren also zweimal und verkaufen den so erzeugten Strom an den ohnehin am Tropf hängenden Stromverbraucher.

Nikola Tesla hatte sich unter anderem mit Blitzen beschäftigt, auch hier liegt ein weites Feld vor uns. Wie könnte man sich diese Energie nutzbar machen. Es gibt also noch sehr viel zu tun. Völligen Blödsinn finde ich allerdings, Sonnenenergie im Weltall zu erzeugen und dann per was-weiß-ich-für-einem-Strahl auf die Erde zu senden.

Wenn wir energiepolitisch tatsächlich eine Kehrtwende wollen und auch durchführen, dann wäre ein Meilenstein in Sachen Klimaverbesserung geschafft. Aber mit einer halbherzigen Politik und einer noch halbherzigeren Industrie im Verbund werden wir nur weiterhin Klima-Konferenzen erleben, viel Bla-Bla-Bla ohne greifbare Resultate.

Bei dem kleinen Corona-Virus war man sich schlagartig weltweit einig, bei Themen wie Klima, Umwelt, Menschenrechte liegen die

Fronten weit auseinander, woran mag es liegen? Wie kann man sich erklären, dass sozialistische Länder, Oligarchien, Demokratien, kommunistische Länder, Königreiche und arabische Scheichtümer, Emirate und Vatikan hier alle an einem Strang ziehen? Dergleichen hatten wir seit Jahrhunderten noch nicht. Wer hat da die Macht, diesen Druck auszuüben? Welche Versprechen werden da gemacht? Fragen, die ich nicht zu beantworten weiß, aber Gutes kann nicht dahinterstehen!

Schlussbemerkung

Es muss etwas geschehen und das Kind muss beim Namen genannt werden. Ein großes Aufräumen weltweit muss stattfinden, wenn wir weiter auf Mutter Erde ein Zuhause finden wollen.

Über eines sind wir uns wohl alle einig, wenn wir so weitermachen wie bisher, kann das nur in einer großen ökologischen Katastrophe enden, die ist dann so gewaltig und hausgemacht, dass sich der Homo sapiens eingeständig von der Platte macht. Da braucht es weder Politik noch Kriege, noch weitere Pandemien. Dann ist der Ast ab, und zwar genau der, auf dem wir gleichzeitig sitzen und sägen.

Ich sehe uns heute an einem Scheideweg stehen, wenn wir es jetzt nicht begreifen und einige Dinge völlig anders angehen, werden wir es nie tun, einfach weil wir die Gelegenheit nicht mehr haben werden, denn wenn die gravierenden Veränderungen auf diesem Planeten einsetzen, dann kann sie kein Mensch mehr aufhalten. Nicht die Erde passt sich unseren Forderungen an, wir müssen uns an die jeweiligen Gegebenheiten unserer Heimatwelt anpassen und endlich erkennen, was möglich und sinnvoll und was völlig zerstörerisch und unwiederbringlich ist. Wenn wir diesen Planeten und den nahen Weltraum zumüllen, muss sich niemand wundern, wenn Mutter Erde an uns und unserem Wohlergehen das Interesse verloren hat.

Gemäß der *Gaia-Hypothese* könnte unsere Erde ein einziges lebendiges Wesen sein. Immerhin greifen verschiedene Biotope, Populationen und meteorologische Prozesse ineinander, um die Erde als System zu erhalten. Ich liebäugle seit langem mit der Hypothese von James Lovelock dran. Etwas, das Leben hervorbringen kann, kann kein toter Fels sein.

Der Mensch muss sich zurückerinnern und wieder lernen, im Einklang mit der Heimatwelt zu leben und für die Zukunft gesprochen, wird er sich auch an die Fakten und Rhythmen anderer Welten anpassen müssen, aber das zu erleben, steht noch in den Sternen und ist wohl hauptsächlich der nächsten Generation vorbehalten.

Über den Autor

Peter Echevers H. wurde 1954 in Berlin-Zehlendorf in einer alten Berliner Architekten- und Baumeisterfamilie geboren. Er wuchs im Rheinland auf und war bis zur Mittleren Reife eigentlich ein mittelmäßiger Schüler. Danach entwickelte er plötzlich großen Bildungshunger und schrieb sich in ein Aufbaugymnasium und gleichzeitig am Institut Français ein.

Es folgten zwei gegensätzliche Lehren als Notargehilfe und Tischler; danach ein BWL-Studium an der Rheinischen Akademie und Seminare an einer Schule für Bildende Künste. Daneben absolvierte er als externer Schüler mit Erfolg die Fachhochschule für Seefahrt in Elsfleth bei Oldenburg.

Schon sehr früh zog es ihn zur Literatur. Angeleitet durch das Elternhaus, welches eine beachtliche Büchersammlung vorzuweisen hatte, begann sein Einstieg in die geschriebene Welt, kaum, dass er die ersten beiden Volksschuljahre hinter sich hatte. Mit Beginn der Pubertät begannen auch seine Versuche, selbst zu schreiben. Seine erste Veröffentlichung in der Lokalpresse im Alter von 15 war sein Aufsatz über die „Reise nach Paris"; es folgte mit 18 sein Reisebericht „Auf nach Brasilien" in der Lokalpresse.

Immer wieder unterbrach er seine Tätigkeiten, er konnte dem lockenden Ruf der Ferne nicht widerstehen. Zu groß war seine Sehnsucht, andere Länder und andere Menschen und Gebräuche kennen zu lernen. So lebte er für längere Zeit in acht europäischen und fünf außereuropäischen Ländern. Aber seine große Liebe ist und bleibt Südamerika, genauer gesagt Brasilien, wo er sich 2002 nach vielen Einzelreisen niedergelassen hat.

Seitdem hat er die Zeit gefunden, sich ganz dem Schreiben zu widmen. 2013 wurde ihm die Ehrendoktorwürde verliehen. Neben über 650 im Internet veröffentlichten Berichten, Aufsätzen und Stellungnahmen hat er bisher folgende Bücher veröffentlicht:

- Die Gaúchos ISBN 978-1-257-96502-1
- Búzios – Mein Paradies ISBN 978-1-4357-8894-7
- Faszination Rio ISBN 978-1-257-95830-6
- Der exzellente Liebhaber ISBN 978-1-257-95244-1
- Die exzellente Liebhaberin ISBN 978-1-257-94957-1
- Konfliktparallelen ISBN 978-1-257-95444-5
- Moderne Lesart ISBN 978-1-257-95674-6
- Der Feminist ISBN 978-1-257-87377-7
- Unvergesslicher Senegal ISBN 978-1-257-97175-6
- Afrikaerfahrung Elfenbeinküste SBN 978-1-257-98790-0
- Der Beweis ISBN 978-1-257-98733-7
- Der Autoresponder ISBN 978-1-4717-0821-3
- Nadelöhr Panama ISBN 978-1-257-99773-2
- Immer wieder Schweden ISBN 978-1-105-02047-6
- Stete Kanaren ISBN 978-1-105-06365-7
- São Paulo ISBN 978-1-105-09363-0
- Das Golfspiel ISBN 978-1-105-02974-5
- Tango – Komplex ISBN 978-1-105-20512-5
- Formel 0-1-in-2 ISBN 978-1-300-05252-4
- Die Paläo-Diät ISBN 978-1-300-13178-6
- Elvis Aaron Presley ISBN 978-1-105-97628-5
- Der Schriftsteller ISBN 978-1-300-20183-0
- Tinnitus... Und nun ISBN 978-1-300-21638-4

- Das Gedächtnis ISBN 978-1-291-20373-8
- Tendenzen 3000 ISBN 978-1-300-67248-7
- Sexy Six-Pack ISBN 978-1-300-80704-9
- Top-Tipp – Fibromyalgie ISBN 978-1-291-36125-4
- Top-Tipp – Nie mehr Geldsorgen ISBN 978-1-300-72028-7
- Blue Light – ISBN 978-1-300-99839-6
- Top-Tipp – Der Kellner ISBN 978-1-304-09023-2
- Top-Tipp – Waiter & Waitress ISBN 978-1-304-10065-8
- Impfen? - Der-zweihundert-Jahre-Irrtum ISBN 978-1-291-52573-1
- Silvio Gesell – Die Revolution des Geldsystems ISBN 978-1-291-52576-2
- Vitamin D3 – Tricks der Pharma-Mafia ISBN 978-1-326-06349-8
- Ein Mann muss Brot backen können ISBN 978-1-291-56517-1
- Slàinte mhath - Schottland aus der Malt-Whisky-Perspektive, ISBN 978-1-291-62424-3
- "Jet de Schnüss jeschwaadt" ISBN 978-1-291-66476-8
- 3D Visualisierungen - Ernstes und Verspieltes in Cinema4D ISBN 978-1-291-95209-4
- Heilen durch Essen - Ernährung für Multiple Sklerose Patienten ISBN 978-1-291-95085-4
- Pharma-Mafia - Ärzte und Patienten im Würgegriff der Arzneimittelindustrie ISBN 978-1-291-90310-2
- Venustropfen ISBN 978-1-291-22324-8
- Die Liebe kommt aus Panamá ISBN 978-1-326-27509-9
- Annegret 1. Teil ISBN 978-1-326-30273-3
- Anne 2. Teil ISBN 978-1-326-40158-0
- Flucht ISBN 978-1-326-45700-6
- Von Mondstaub und von Feenhaar ISBN 978-1-326-58996-7
- Vom Wolkenschloss und von Zaubererbsen ISBN 978-1-326-66370-4
- De Poeira de Luna e de Cabelo de fadas ISBN 978-1-326-71750-6
- Phalluskult ISBN 978-1-326-73147-2
- Mit Wildkräutern gegen den Krebs ISBN 978-1-326-73148-9
- DAS BÖSE - Lobaczewskis wissenschaftliche Betrachtung ISBN 978-1537610009
- Vom Traumfänger und von der Sonnentänzerin ISBN 978-1-326-79361-6
- Dona Anna ISBN 979-8-498-22457-2

- Corona – Der Wahnsinn hat einen Namen ISBN 979-8-760-67140-0
- Putin–verstehen oder verteufeln ISBN 979-8-431-42956-9
- NATO – Vasallen der USA ISBN 9798351621364
- Klimawandel? – Wie wäre es mal mit der Wahrheit ISBN

www.ingramcontent.com/pod-product-compliance
Lightning Source LLC
Chambersburg PA
CBHW071401210526
45465CB00001B/205